한식조리사를 위한 키친잉글리시

Kitchen English

for KOREAN CUISINE CHEFS

한식조리사를 위한 키친잉글리시

김태현 지음

교문사

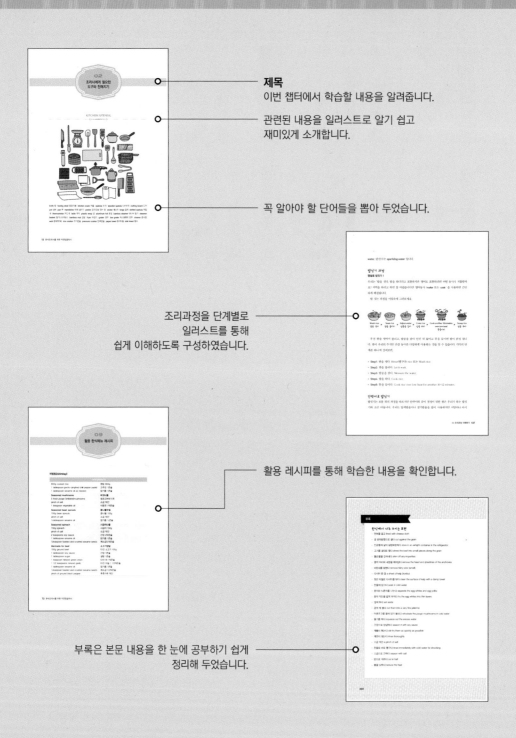

제목
이번 챕터에서 학습할 내용을 알려줍니다.

관련된 내용을 일러스트로 알기 쉽고
재미있게 소개합니다.

꼭 알아야 할 단어들을 뽑아 두었습니다.

조리과정을 단계별로
일러스트를 통해
쉽게 이해하도록 구성하였습니다.

활용 레시피를 통해 학습한 내용을 확인합니다.

부록은 본문 내용을 한 눈에 공부하기 쉽게
정리해 두었습니다.

본 교재의 영문표기는 한식재단의 영문표기기준에 따랐으며
한식레시피는 한식의 대표성과 활용빈도, 외국인 선호도를 고려하여 선별하였습니다.

전 세계적인 불황과 보호무역주의 분위기 속에서도 우리 문화의 정수이자 핵심인 한식에 대한 해외에서의 관심은 나날이 커지고 있습니다.

이는 채소의 종류가 다양하고 발효식품이 거의 빠지지 않는 한식 식단이 가진 기능적인 우수성도 있지만 그 기저에 있는 우리 민족의 철학이나 음식을 대하는 태도, 식약 동원의 사고와 그를 식단으로 구현하는 인력의 성장과도 무관하다고는 할 수 없을 것입니다.

이전과 달리 한국인이면 조리 전공 분야에 상관없이 한식을 먼저 알아야 합니다. 해외에서 더 체계적인 학문을 배우더라도 단순히 그것을 들여와 우리 것을 바꾸는 수준이 아니라 우리 것을 중심으로 서양 학문을 활용하여 발전시키려는 쪽으로 젊은이들의 사고가 넓어지고 자신감이 넘쳐야 합니다. 앞으로 우리의 무대가 세계이고 그들의 일자리가 국경을 넘을 수밖에 없다는 점에서 매우 고무적이라 할 수 있습니다.

이제껏 많은 교육기관에서 한식 관련된 교육을 실시하고 그를 통해 해외취업의 길을 열어보려고 다방면으로 노력한 프로그램을 살펴보면 한식을 하는 전문 인력의 기술적 기량에 비해 현지인과 소통하고 리더십 발휘에 필요한 언어적 기량은 부족한 면이 있어 언어, 특히 공통어로서 영어 커뮤니케이션 능력의 필요성이 강조되어 왔음을 알 수 있습니다.

중요성은 공감하면서도 개인적으로 영어에 대한 두려움도 있고 한식의 조리법이 양식 조리법과 기본 개념부터 다르기 때문에 현장에서는 많은 어려움을 겪고 있습니다.

한식을 해외에서 조리할 때나 외국인에게 전달할 때는 서로 다른 용어를 직역하는 것이 아니라 관련 용어와의 어감 차이를 안 상태에서 뜻에 따라 적절한 단어를 선택하는 것은 이제 번역가의 몫이 아니라 조리를 직접 하는 셰프의 몫이 되어 가고 있습니다.

이에 저자 일동은 한식이 가진 양식과의 식문화 차이를 간단히 소개하면서 한식 고유의 표현을 영어로 어떻게 전달하면 되는지, 서로 비슷한 조리 영어가 개념적인 측면에서 볼 때 어떻게 다른지 등을 텍스트 위주의 딱딱한 접근에서 벗어나 그림 위주의 직관적 학습 형태로 다가가 알기 쉽도록 구성하였습니다.

부디 이 책이 초보적인 지식을 가진 한식 전문가나 한식을 통해서 해외진출을 노리는 젊은 조리사들에게 즐겁게 읽히고 보고 나면 유익한 자료가 될 수 있기를 기원합니다.

감사합니다.

2017.1.3
저자 일동

CONTENTS

{ PART } 4

주방에서 의사소통하기

{ PART } 5

음식 스토리텔링하기

부록 204

PART

1

설비와 도구

KITCHEN LAYOUT

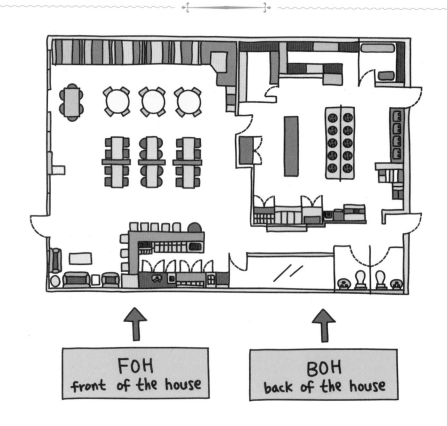

주방은 홀과 한 쌍을 이루어 설계됩니다. 그것은 만들어진 음식이 최대한 빨리 식지 않게 고객에게 전달해야 하기 때문입니다. 음식을 만드는 주방을 kitchen 키친이라고 하지만 back of the house 라 하며, 줄여서 BOH 라고 부릅니다. 반면 홀은 음식을 제공하는 곳으로 front of the house 라고 하고 간단하게 FOH 라고 합니다.

KITCHEN EQUIPMENT

kitchen pantry 찬장 dry storage 가루재료나 장기보관 가능한 것을 두는 장소 sink 개수대 gas stove 가스레인지 refrigerator 냉장고 freezer 냉동고 walk-in 사람 출입이 가능한 냉장/냉동고 ice machine 제빙기 dish washer 세척기 oven 오븐 microwave oven 전자레인지

주방에는 다양한 kitchen equipment 주방설비가 있습니다. 음식을 보관하는 refrigerator 냉장고, freezer 냉동고가 있는데 업장에서 사람 출입이 가능하도록 만든 거대한 냉장고를 walk-in 워크인이라고 부릅니다. 그리고 ingredients 재료를 보관하는 kitchen pantry 찬장이 있는데, 특히 가루재료나 통조림 음식을 보관하는 장소는 dry storage 라고 합니다. 식재료가 입고되면 재료를 세척하기 위한 sink 개수대가 필요합니다. 개수대에는 물이 나오는 faucet 수도꼭지가 달려있습니다. 재료를 손질하거나 다듬기 위한 공간을 station 또는 work table 작업대라 부릅니다. 손질을 마친 재료를 불로 조리하기 위해서는 일명 가스레인지로 불리는 gas stove 가 꼭 필요합니다. 또한 빵이나 케이크를 굽는 용도로 사용하는 oven 오븐, 그릇을 세척하는 dish washer 세척기도 중요한 kitchen equipment 주방설비 중 하나입니다.

02
조리사에게 필요한
도구와 친해지기

KITCHEN UTENSIL

knife 칼 honing steel 칼갈이봉 kitchen scale 저울 spatula 주걱 wooden spatula 나무주걱 cutting board 도마
pot 냄비 pan 팬 mandoline 야채 절단기 peeler 감자껍질 깎는 칼 zester 제스터 tongs 집게 slotted spatula 뒤집
개 thermometer 온도계 ladle 국자 plastic wrap 랩 aluminum foil 호일 bamboo steamer 대나무 찜기 steamer
basket 찜기(스텐레스) bamboo mat 김발 fryer 튀김기 grater 강판 box grater 박스형태의 강판 cleaver 중식칼
wok 중화팬(웍) rice cooker 전기밥솥 pressure cooker 압력밥솥 paper towel 종이타월 side towel 행주

주방에는 kitchen equipment 주방설비와 함께 kitchen utensil 주방도구가 필요합니다. 조리를 하는 데 기본적으로 필요한 도구들을 살펴보겠습니다. 조리사에게 가장 중요한 것은 knife 칼입니다. 보통 chef's knife 또는 cook's knife 라고 하는데 다목적용으로 사용합니다. 칼을 사용하려면 cutting board 도마가 있어야겠지요. 그리고 손질된 음식을 끓이려면 pot 냄비가 필요합니다. 끓는 음식이 눌어붙지 않도록 하려면 spatula 주걱으로 열심히 stir 저어야 합니다. 눌어붙지 않는 팬은 nonstick pan 또는 coated pan 이라고 합니다.

한국인이 즐겨먹는 국을 scoop 뜨기 위해서는 ladle 국자가 필요하고 전을 뒤집을 때는 flip 뒤집개 또는 slotted spatula 구멍 뚫린 뒤집개를 사용합니다. 고무주걱과 뒤집개 모두 spatula 라는 단어를 사용하지만 용도에 따라 상황에 따라 다른 의미를 가질 수 있습니다. 나무주걱은 wooden spoon 입니다.

고기를 가위로 자르는 것은 한국의 독특한 문화인데 loin 등심을 charcoal 숯불에 구워 작게 자를 때 kitchen scissors 주방가위를 사용하며 냄비 속 뜨거운 것을 pick up 집을 때는 tongs 집게를 사용합니다.

생강 등을 갈거나 할 때 사용하는 강판은 grater 라고 하는데 특히 치즈를 갈 때는 box grater 를 이용합니다.

감자껍질 또는 사과껍질을 깔 때는 peeler, 레몬즙을 만들 때는 lemon juicer, citrus juicer, citrus reamer 를 사용하고, 음식을 부드럽게 갈 때는 blender, mixer 등을 사용합니다.

beat an egg 달걀을 풀 때는 whisk 손거품기를 사용하기도 하고 chopsticks 젓가락, fork 포크 등을 사용할 수 있습니다.

칼국수 반죽은 knead 손으로 치대서 rolling pin 밀대를 이용해서 납작하게 roll out 밀어서 칼로 썹니다.

달걀찜과 같이 부드럽게 재료를 익힐 때 a double boiler 중탕기를 사용합니다.

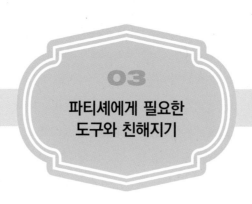

03

파티셰에게 필요한
도구와 친해지기

BAKING EQUIPMENT

stand mixer 스탠드 믹서 hand mixer 핸드믹서 whisk 손거품기 parchment paper 유산지 spatula 스패출라 주걱
oven mitt 오븐용 장갑 rolling pin 밀대 cookie cutter 모양쿠키틀 oven 오븐 sheet pan 시트팬 nonstick pan 붙
지 않는 팬 perforated sheet pan 타공팬 measuring cup 계량컵 measuring spoon 계량스푼 digital scale 전자
저울 mixing bowl 믹싱볼 scraper 스크래퍼 pastry bag/piping bag 짜주머니 pastry tip 모양깍지 pastry brush
페이스트리 붓 proofer 발효기 baking cup 주름컵 toaster 토스터(빵 굽는 기계) bread knife(serrated knife) 빵칼
cooling rack 식힘망 baking turntable 회전판 cake stand 케이크 받침 timer 타이머

다음으로 베이킹 도구들을 살펴보겠습니다.

베이킹을 잘하려면 계량을 잘해야 합니다. 그래서 **digital scale** 전자저울, **measuring cup** 계량컵, **measuring spoon** 계량스푼이 꼭 있어야 합니다.

머핀반죽을 예를 들어 볼까요?

반죽을 시작하기 전에 반드시 해야 할 일은 오븐을 **preheat** 예열하는 일입니다. 오븐이 예열되지 않았다면 케이크나 빵을 구울 수가 없어요. 따라서 머핀반죽을 오븐에 **bake** 굽기 전에 반드시 예열을 하고, 빵의 경우에는 굽기 전에 **proofer** 발효기에 넣어서 충분히 **ferment** 발효를 합니다.

반죽을 손쉽게 하려면 **stand mixer** 또는 **hand mixer** 반죽기를 사용합니다. 머핀반죽을 만들 때는 **beater** 라는 부속품을 사용하고 케이크를 만들 때는 **whisk** 라는 부속품을 사용합니다. 빵을 만드는 경우는 **dough** 도우반죽을 전문으로 할 수 있는 **hook** 이라 불리는 부속품을 사용합니다.

STAND MIXER

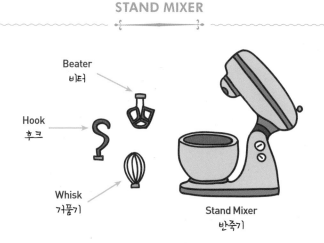

Beater
비터

Hook
후크

Whisk
거품기

Stand Mixer
반죽기

반죽을 섞을 때는 mixing bowl 믹싱볼에 재료를 넣고 spatula 고무주걱을 사용하여 섞고 소량의 거품을 낼 때는 whisk 손거품기를 사용하기도 합니다. Whisk 는 동사로 '섞다', '거품내다'의 뜻을 가지고 있고 명사로는 '거품기'를 뜻합니다.

머핀반죽이 완성되면 baking cup 주름컵을 muffin tin 머핀 전용 틀에 끼우고 반죽을 넣어서 oven 오븐에 구워냅니다. 다 익은 머핀을 꺼낼 때는 팬이 extremely hot 아주 뜨겁기 때문에 oven mitt 오븐장갑을 사용해서 팬을 잡아야 해요.

여러분이 잘 알고 있는 버터링 쿠키는 반죽을 모양내서 짠 뒤 구워낸 제품입니다. 그래서 반죽을 시트팬에 짤 때는 pastry bag 짜주머니가 필요하고 원하는 모양의 pastry tip 깍지를 준비해야 합니다.

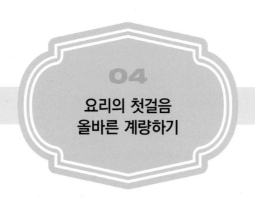

04
요리의 첫걸음
올바른 계량하기

계량도구와 단위

훌륭한 요리사가 되기 위해서는 세계적인 요리사들의 책을 읽고 요리를 시도해 보는 것이 좋습니다.

그런데 세계적인 요리사의 레시피를 보기 위해서는 단위를 읽을 줄 알아야 합니다. 한국, 영국, 프랑스, 일본의 경우는 동일한 metric system 미터법을 사용하지만 미국의 경우 다른 단위를 사용합니다. 예를 들어 한식조리에서 물 1컵은 200ml이지만 미국의 경우 물 1컵은 240ml에 해당됩니다. 따라서 미국에서 출판된 책을 보기 위해서는 단위가 어떻게 다른지 이해할 필요가 있습니다.

일반적으로 주방에서 사용하는 계량도구는 kitchen scale 저울, measuring cup 계량컵, measuring spoon 계량스푼이 있습니다. 주방저울도 mechanical 방식과 digital 방식이 있습니다. 좀 더 정확하게 계량할 수 있는 것은 digital scale 전자저울입니다.

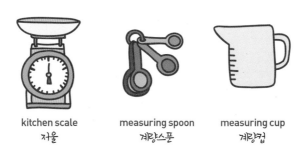

kitchen scale
저울

measuring spoon
계량스푼

measuring cup
계량컵

다행인 것은 계량스푼은 동일하기 때문에 이해하기 쉽습니다. 1작은술은 5ml로 teaspoon 의 약어로 tsp 또는 소문자 t 만을 사용합니다. 1큰술은 15ml로 약어로 Tsp 또는 대문자 T 를 사용하는데 1큰술은 3개의 작은술과 동일합니다.

계량을 할 때 liquid ingredients (wet ingredients) 액체류와 dry ingredients 가루류에 사용하는 도구와 측정방법에 차이가 있습니다. 재료에 따라 정확한 방법으로 계량하는 것이 포인트입니다.

가루의 경우 필요량을 계량컵 가득 담아서 재료를 level 또는 sweep 해서 깎아내면 되고, 액체는 넘칠 정도로 가득 부어서 찰랑거릴 때가 정확하게 계량이 된 상태입니다.

Dark brown sugar 흑설탕은 가루류 중 유일하게 꼭꼭 눌러 담아 계량합니다.

계량과 관련된 동사는 measure, scale 무게를 재다, 측정하다, weigh 무게가 나간다를 사용하는데 주로 계량컵이나 계량스푼은 measure 라는 동사와 함께 사용하고, scale 은 저울로 계량할 때 사용한다는 차이가 있습니다.

예문1: Measure a tablespoon of milk. 우유 1큰술을 계량하세요.

예문2: One cup of all-purpose flour should weigh 120 grams. 밀가루 1컵은 120그램이다.

HOW TO MEASURE

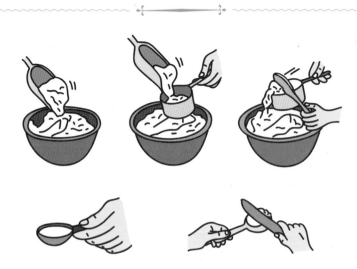

주방에서 사용하는 온도계는 instant-read thermometer 라고 하는데 전통적인 dial type 다이얼방식과 digital type 디지털방식으로 나뉩니다. 미국의 요리책은 화씨를 사용하는데 아래의 표는 섭씨 Celsius(℃) 와 화씨 Fahrenheit(℉) 를 비교한 것으로 요리에 자주 등장하는 온도는 붉은색으로 표시해 두었습니다.

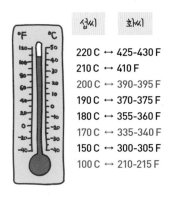

섭씨　　화씨

220 C ↔ 425-430 F
210 C ↔ 410 F
200 C ↔ 390-395 F
190 C ↔ 370-375 F
180 C ↔ 355-360 F
170 C ↔ 335-340 F
150 C ↔ 300-305 F
100 C ↔ 210-215 F

정확한 계량이 어려운 경우

계량이 어려운 재료의 분량을 말할 때 영어로 어떻게 표현할까요? 아주 약간, 한 꼬집(엄지와 검지중지로 잡은 양)은 pinch, 참기름 한 방울이라고 할 때는 'a dash of sesame oil'을 사용할 수 있어요.

tt 라고 쓰인 것은 to taste의 약자인데 예를 들어 'salt tt'라고 레시피에 적혀 있다면 소금은 간을 보고 적당히 결정하라는 뜻이 됩니다. Season to taste 도 같은 의미입니다.

계량하기 힘든 재료들을 표현하는 말	
pinch	(엄지와 검지, 중지로 집는) 한 꼬집
sprinkle	엄지와 검지, 중지 손가락으로 집는 분량
dash	(기름 등) 방울 a dash of sesame oil
to taste	맛보고 결정하다

대략을 표현하는 말

음식을 할 때 정확하지 않은 경우에 한 작은술 정도라고 할 때가 있어요. 이럴 때는 ~ful 을 사용해서 작은술은 teaspoon 이니까 teaspoonful, 1스푼 정도라고 한다면 spoonful, 1컵 가득 cupful, 한 줌 정도 handful 이라고 쓰면 됩니다. 쉽죠?

정도를 표현하는 말	
teaspoonful	한 작은술 정도
tablespoonful	한 큰술 정도
spoonful	한 스푼 정도
cupful	컵 정도
handful	한 줌 정도

레시피에 나오는 숫자 읽기

숫자 읽기

요리하다 말고 웬 숫자를 이야기 하냐고요? 주방에서 inventory 재고를 파악하거나 재료를 저장고에서 가져오고 셰프의 지시를 따르는 등 의사소통에 꼭 필요하기 때문입니다. 한 번만 기억해 두면 두고두고 잘 사용할 수 있으니 열심히 따라오면서 암기해 보세요~

정수 읽기

레시피에는 숫자가 많이 등장하지만 계속 반복되기 때문에 한 번만 알아두면 됩니다. 재료의 개수를 읽을 때는 하나, 둘, 셋은 그대로 세고 뒤에 명사를 붙여서 one potato, two potatoes 와 같이 표현하고, 복수인 경우에 s만 붙여주면 됩니다.

숫자 읽기

NO	기수	서수	
1	one	first	1st
2	two	second	2nd
3	three	third	3rd
4	four	fourth	4th
5	five	fifth	5th
6	six	sixth	6th
7	seven	seventh	7th
8	eight	eighth	8th
9	nine	ninth	9th
10	ten	tenth	10th

a whole onion
양파 1개

 half an onion
양파 1/2개

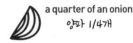 a quarter of an onion
양파 1/4개

위의 그림처럼 양파 1개를 말하고 싶으면 **an onion** 또는 **a whole onion** 이라고 쓰면 되고 양파 반쪽은 **half** 를 사용해서 **half an onion** 이라고 표현합니다.

Half 를 쓸 때 주의할 점은 명사 앞에서 수량의 절반을 나타낼 때 반드시 전치사 없이 바로 써야 한다는 것입니다. 6개는 **half a dozen** 이라고 합니다.

분수 읽기
분수인 경우 앞 숫자 그대로 읽고 분모는 **third, fourth, fifth** 등과 같이 읽습니다. 주의할 점은 분자가 '1' 이상인 경우에는 반드시 분모에 's' 를 붙입니다.

Three quarters	3/4
four fifths	4/5
예외 1/2 a half	

공식: 정수 + and + 분수

분수 앞에 정수가 있는 경우에는 정수를 먼저 읽어주고 **and** 를 붙인 다음 분수를 읽어줍니다.

one and a half	1 ½
two and three quarters	2 ¾
three and a quarter	3 ¼

소수 읽기

소수점은 'point' 라고 읽습니다. 그러나 www.의 점은 dot 이라고 읽습니다.

5.3	five point three
20.8ml	twenty point eight milliliter

4×6는 가로×세로로 쓰이는데 즉, **four by six** 라 읽고 '가로와 세로를 4×6cm로 썰다'라는 뜻입니다.

포장단위의 이해

단위	한글		예문
Each	개	달걀 1개	1 each
Pack	봉지(큰 개념)	양념김 한 팩	1 pack of seasoned laver
Packet	개별포장의 봉지	실리카겔 한 봉투	1 packet of silica gel
Bottle	병	와인 1병	a bottle of wine
Jar	병	잼 1병	a jar of jam
Can	캔	참치캔 1개	a can of tuna
Carton	우유 팩	우유 1팩	1 carton of milk
Box	박스	토마토 1박스	1 box of tomatoes
Bag	자루	감자 1자루	a bag of potatoes
Dozen	12개짜리 포장	12개들이	a dozen eggs
Sheet	장	다시마 1장	1 sheet of dried kelp

재미로 풀어보는 음식단위

표현	뜻
a scoop of ice cream	아이스크림 한 스쿱
a carton of milk	우유 1팩
a bottle of wine	와인 한 병
a bar of chocolate	초콜릿 1개
a cup of tea	차 한 잔
a slice of lemon	레몬 한 조각
a piece of cheese	치즈 한 조각
a slice of cake	케이크 한 조각
a jar of jam	잼 한 병
a loaf of bread	빵 한 덩어리
a packet of cookies	쿠키 한 줄
a mug of beer	맥주 한 잔
a head of lettuce	상추 1개
a dozen eggs	달걀 12개
a bunch of bananas	바나나 한 손
a kilogram of onions	양파 1킬로
two ears of corn	껍질 안 벗긴 옥수수 2개
a bag of potato chips	감자 한 자루
a box of corn flakes	시리얼 1상자

1

Could I have a _____ of ice cream?

ⓐ glass ⓑ scoop ⓒ piece

아이스크림의 경우 스쿱이라는 도구를 사용해서 단위를 세기 때문에 **scoop**이 정답

2

Could I have a _____ of milk?

ⓐ block ⓑ jar ⓒ carton

우유의 경우는 특수하게 carton이라는 단위를 사용하는데 carton은 판지로 만든 상자를 가리키는 말로 특히 음식이나 음료를 담는 한 곽(의 양)을 말합니다. Block은 덩어리이고 jar는 유리병을 가리키므로 정답은 **carton**

3

Could I have a _____ of wine?

ⓐ bottle ⓑ jar ⓒ container

Jar는 잼병을 가리키고 container는 어떤 것을 담기 위한 상자를 말하며 와인은 유리병에 담기 때문에 정답은 **bottle**

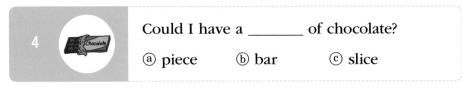

Could I have a _____ of chocolate?

ⓐ piece　　　ⓑ bar　　　ⓒ slice

Bar는 단단한 막대를 가리키는데 초콜릿 모양이 막대모양처럼 되어 있어 단위를 bar로 사용합니다. Piece는 부서진 작은 조각을 slice는 단면이 보이도록 얇게 썬 것을 말합니다.

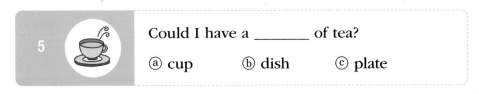

Could I have a _____ of tea?

ⓐ cup　　　ⓑ dish　　　ⓒ plate

Dish는 약간 깊이감이 있는 그릇을 말하고 plate는 둥글고 넓은 접시를 말하는데 차는 보통 오목한 컵에 부어 먹기 때문에 **cup**이 정답

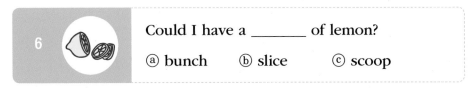

Could I have a _____ of lemon?

ⓐ bunch　　　ⓑ slice　　　ⓒ scoop

레몬 한 조각이라고 할 때는 **slice**를 사용하는데 slice는 주로 단면이 보이게 작게 자른 것을 말하고 bunch는 한 단을 셀 때, scoop은 밥 한 주걱 또는 아이스크림 셀 때 사용합니다.

7

Could I have a _____ of cheese?

ⓐ jar　　　ⓑ dish　　　ⓒ piece

치즈 한 조각이라고 할 때는 덩어리의 경우 **piece**를 사용합니다.

8

Could I have a _____ of cake?

ⓐ section　　　ⓑ lump　　　ⓒ slice

케이크도 치즈와 비슷한데 원형을 잘라 한 조각을 만든 경우는 **slice** 또는 **piece** 둘 다 사용 가능합니다. Lump는 말 그대로 덩어리, section은 한 구역으로 넓은 범위를 지칭합니다.

9

Could I have a _____ of jam?

ⓐ jar　　　ⓑ carton　　　ⓒ bottle

잼의 경우 단독으로 **jar** 사용, carton은 우유에 사용, bottle은 목이 좁고 긴 병을 말합니다.

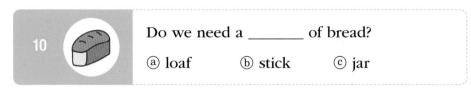

10

Do we need a _____ of bread?

ⓐ loaf　　　ⓑ stick　　　ⓒ jar

빵을 셀 때는 loaf를 사용하고 stick은 가늘고 긴 것을 말하는데 피자가게에서 bread stick이라고 빵을 손가락 모양으로 길게 만들어 파는 것을 연상하시면 됩니다.

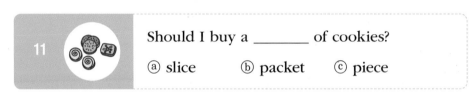

11

Should I buy a _____ of cookies?

ⓐ slice　　　ⓑ packet　　　ⓒ piece

쿠키의 경우 낱개라면 slice나 piece도 딱히 틀렸다고 할 수 없으나 뜯지 않은 경우는 **packet**이 정답이 됩니다.

12

Could I have a _____ of beer?

ⓐ cup　　　ⓑ plate　　　ⓒ mug

맥주는 **mug** 또는 **glass**에 담아 먹고 cup은 모든 음료에 사용 가능하고 plate에는 주로 음식을 담아 먹습니다.

13

Can you buy a _____ of lettuce?

ⓐ bunch   ⓑ kilogram   ⓒ head

상추는 사람 머리 모양을 닮아서 셀 때 **head**를 사용합니다. Bunch는 시금치 한 단을 말할 때 사용하고 kilogram은 무게를 잴 때 사용합니다.

14

Please get a _____ eggs.

ⓐ bunch   ⓑ slice   ⓒ dozen

One dozen은 12개를 가리킵니다.

15

_____ of bananas are cheap today.

ⓐ bunches   ⓑ heads   ⓒ packages

바나나 한 손은 **bunch**를 사용합니다.

16

Don't forget to buy a _____ of onions.

ⓐ bag　　　ⓑ piece　　　ⓒ slice

양파는 자루에 넣어 판매하므로 **bag**입니다.

17

The corn looks good. Can I have two _____ .

ⓐ sticks　　　ⓑ ears　　　ⓒ bunches

옥수수는 껍질을 벗기기 전의 상태를 **ears**라는 단위를 사용합니다.

18

I'll buy a _____ of corn flakes.

ⓐ bag　　　ⓑ jar　　　ⓒ box

우리가 시리얼이라고 부르는 콘플레이크는 박스에 넣어 포장 판매하므로 정답은 **box**입니다.

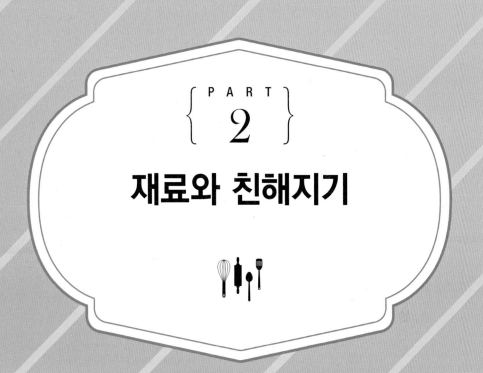

PART
2

재료와 친해지기

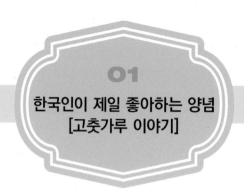

01
한국인이 제일 좋아하는 양념
[고춧가루 이야기]

CHILI PEPPER

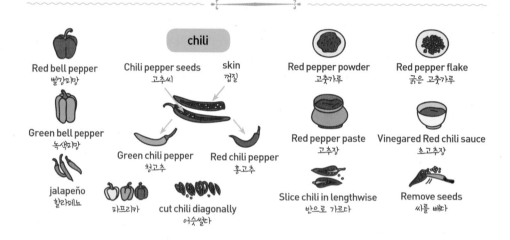

chili

Red bell pepper
빨강피망

Chili pepper seeds
고추씨

skin
껍질

Red pepper powder
고춧가루

Red pepper flake
굵은 고춧가루

Green bell pepper
녹색피망

Green chili pepper
청고추

Red chili pepper
홍고추

Red pepper paste
고추장

Vinegared Red chili sauce
초고추장

jalapeño
할라페뇨

파프리카

cut chili diagonally
어슷썰다

Slice chili in lengthwise
반으로 가르다

Remove seeds
씨를 빼다

PEPPER HEAT INDEX

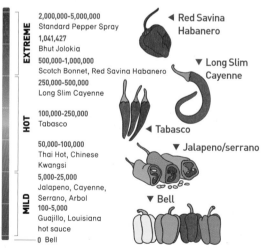

EXTREME

2,000,000-5,000,000
Standard Pepper Spray

1,041,427
Bhut Jolokia

500,000-1,000,000
Scotch Bonnet, Red Savina Habanero

◀ Red Savina
Habanero

250,000-500,000
Long Slim Cayenne

▼ Long Slim
Cayenne

HOT

100,000-250,000
Tabasco

50,000-100,000
Thai Hot, Chinese
Kwangsi

◀ Tabasco

▼ Jalapeno/serrano

MILD

5,000-25,000
Jalapeno, Cayenne,
Serrano, Arbol

100-5,000
Guajillo, Louisiana
hot sauce

0 Bell

▼ Bell

현대의 한식 식탁을 색으로 표현한다면 빨강색이라고 말하고 싶습니다. 실제로 미국인들은 스테이크의 그릴마크를 보면 "make one's mouth watering" 군침을 다신다고 하지만 한국인은 붉은색 음식이 그런 역할을 할 것 같습니다.

고추는 chili 라고 하고 껍질은 skin, 고추씨는 chili pepper seeds 라고 합니다. 고추의 매운맛은 바로 이 고추씨에 있기 때문에 음식을 할 때 덜 맵게 하려면 씨를 remove 제거하는 방법이 있습니다. 고추에는 green (chili) pepper 청고추, red (chili) pepper 홍고추가 있고 홍고추를 말려 씨를 빼고 갈면 고춧가루 red chili powder 를 만들 수 있습니다.

김치를 만들 때 고추씨를 넣고 통째로 대강 거칠게 갈면 고춧가루만을 사용했을 때보다 시원한 맛이 난다고 합니다. 이렇게 씨와 함께 갈은 굵은 고춧가루는 red chili pepper flake 라고 합니다. 여기서 flake 는 굵은 조각이라는 뜻으로, 눈송이를 말할 때도 snowflake 라고 합니다.

고추장의 농도는 수분이 적고 되기 때문에 paste 라는 단어를 사용하여 red pepper paste 라고 하고, 초고추장은 고추장에 vinegar 식초와 설탕 등을 넣어 만들기 때문에 vinegared red pepper sauce 라고 표현합니다.

한식에서 고추는 주로 cut chili diagonally 어슷 썰거나 slice chili 동글동글 썰거나 slice chili lengthwise 반을 갈라 remove seeds 씨를 빼고 julienne 채썰기도 합니다.

고추보다는 덜 매운 피망이 있는데 피망은 bell pepper 라 부르고 green bell pepper 청피망, red bell pepper 홍피망이라고 부릅니다.

한국의 고추 가운데 청양고추는 serrano pepper 와 매운 정도나 모양이 비슷하고, 동남아시아에서 매운맛을 낼 때 사용하는 Thai chili 태국고추는 작지만 정말 자극적인 매운맛을 가지고 있습니다. 여담으로 쌀국수에 넣어 먹는 스리랏차는 다르긴 하지만 한국의 초고추장 같은 소스로 한국인에게도 인기가 많습니다. 그리고 피자먹을 때 피클로 많이 사용되는 할라페뇨 고추는 jalapeño pepper 로 'j'로 시작되지만 발음은 'h'로 발음하는 점 유의하세요.

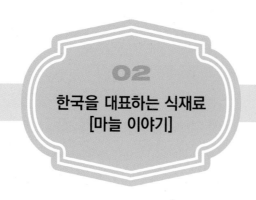

02
한국을 대표하는 식재료
[마늘 이야기]

GARLIC

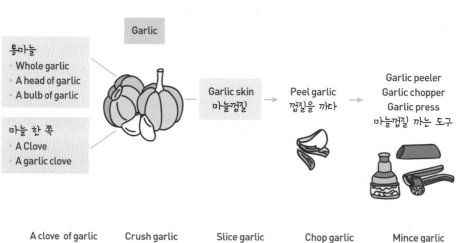

Garlic

통마늘
- Whole garlic
- A head of garlic
- A bulb of garlic

마늘 한 쪽
- A Clove
- A garlic clove

Garlic skin
마늘껍질

Peel garlic
껍질을 까다

Garlic peeler
Garlic chopper
Garlic press
마늘껍질 까는 도구

A clove of garlic 마늘 한 쪽	Crush garlic 마늘을 으깨다	Slice garlic 편으로 썰다	Chop garlic 굵게 다지다	Mince garlic 다지다
	Crushed garlic 으깬 마늘	Sliced garlic 썬 마늘	Chopped garlic 굵게 다진 마늘	Minced garlic 곱게 다진 마늘

Mince garlic finely 곱게 다지다 chop garlic coarsely 대강 다지다 garlic chive 마늘쫑 black garlic 흑마늘

단군신화에도 등장하는 마늘은 고추와 함께 한국음식을 대표하는 향신료라고 할 수 있습니다. 특유의 향을 제외하고는 백 가지 이로움이 있다고 하여 일해백리(日害白利)라 부릅니다. 가을에 파종해 봄에 수확하는, 서늘한 기후를 좋아하는 root vegetables 뿌리채소입니다.

마늘은 한식의 flavor 맛을 결정하는 중요한 역할을 합니다. 통마늘은 whole garlic, whole bulb of garlic, a head of garlic 이라고 합니다. 마늘 한쪽이라고 할 때 '쪽'에 해당되는 것이 a clove 인데 마늘 한쪽이라고 말하고 싶을 때는 a garlic clove 라고 하면 됩니다.

마늘을 사용하려면 우선 skin 껍질을 peel 까고 용도에 맞게 칼질을 해야 합니다. 한쪽을 까서 덩어리를 back of knife 칼등으로 으깬 것은 crushed garlic 이라고 합니다. 또는 마늘을 slice 편으로 썰어서 음식에 넣기도 하고 굵게 다져서 chopped garlic 된장찌개, 김치양념 등 각종 음식에 넣기도 하지요. 또는 대강이라는 부사를 써서 강조할 수도 있어요. Chop garlic coarsely 처럼요.

한식의 정성은 재료손질에서부터 나온다는 말을 하는데, 음식에 따라서 마늘을 아주 잘게 썰 때는 마늘을 곱게 다진다고 하고 mince garlic 으로 표현합니다.

또한 한식에서는 마늘을 껍질째 열을 가해 몇 주간 숙성시켜 black garlic 흑마늘을 만들어 먹기도 합니다. 자극적인 생마늘보다 매운맛이 덜하고 덜 자극적이니 healthy food 건강식품입니다.

마늘을 가지고 하는 요리는 정말 다양하지만 마늘의 꽃줄기인 garlic scape 마늘종도 요리에 사용할 수 있습니다. 일반적으로 마늘쫑이라고 부르는 마늘종은 입맛을 살리는 효능이 있어 장아찌나 볶음으로 만들어 도시락이나 side dish 밑반찬으로도 사용됩니다.

03

음식에 생명 불어넣기
[양념장 이야기]

SEASONING

Season	간하다
Season it	간하다
Season to taste	입에 맞게 간하다
Season with salt and pepper	소금, 후추로 간하다
Season if desired	원한다면 간하라
Season if necessary	필요하면 간하라

Season은 요리가 아닌 일반 명사로 사용되면 계절이라는 뜻을 가지고 있습니다. 그러나 요리에서 season 은 동사로 '**간하다**'의 뜻을 가지고 있고 명사로 seasoning 이라고 하면 조미료, 간, 양념 특히 소금과 후추를 말합니다. 그래서 season 뒤에는 **with salt and pepper** 라는 단어가 늘 따라다닙니다. 그렇지만 요즘에는 소금과 후추 이외의 재료도 포함할 정도로 범위가 넓어졌습니다. 물론 간장도 된장도 될 수 있습니다.

간을 하려면 맛을 봐야 하지요, '**맛을 보다**'는 taste 입니다. Season to taste 라고 레시피에 많이 등장하는데 이것은 **맛을 보고 입에 맞도록 간을 하시오** 라는 의미입니다. 각자의 취향이 다르니 이런 문장이 나왔겠지요.

양념이란

양념은 조미료와 향신료로 나눌 수 있어요. 조미료는 salty 짠맛, sweet 단맛, sour 신맛,

spicy 매운맛, bitter 쓴맛을 내는 재료이고 향신료는 식품 자체의 잡냄새를 없애거나 풍미를 증진시키기 위해 사용합니다.

소금(salt)

소금은 요리에서 가장 중요한 역할을 하는 재료로 짠맛을 내는 데 주로 사용하며 음식에 따라 소금의 종류를 선택할 필요가 있습니다. 김치를 담글 때 사용하는 sea salt 바다소금은 일반적인 요리에 사용하는 kosher salt 꽃소금, table salt 식탁 위에서 사용하는 소금, 대나무에 넣고 가열한 bamboo salt 죽염이 있어요. 가장 많이 사용하는 kosher salt 는 코셔 쏠트라고 발음하는데요, kosher 코셔는 전통적인 유대인의 식사법에 따라 제조된 소금을 말합니다.

간장(soy sauce)

간장은 soy sauce 쏘이 쏘스라고 발음하고 대두로 만들기 때문에 soy bean 대두의 앞부분을 따와서 soy sauce 라고 합니다. 하지만 한식에 사용되는 간장은 여러 가지 종류가 있어요. 흔히 우리가 청장이라고 부르는 국간장은 clear soy sauce 또는 soy sauce for soup 이라고 하고 주로 국·찌개·나물무침에 주로 사용합니다. Dark soy sauce 진간장의 경우는 조림, 볶음에 주로 사용합니다. 갈비찜을 할 때도 진간장을 사용하지만 진간장이 없다면 일반 간장으로도 대체가 가능합니다.

   간장은 음식의 간을 맞추기 위해 사용하는데 콩을 발효시켜 만든 간장은 소금의 짠맛과는 달리 음식에 깊은 맛을 줍니다. 또한 dumpling 만두나 Korean pancake 전을 찍어먹는 소스로도 사용되는데 이때는 *cho-ganjang* 초간장(vinegared soy sauce)을 곁들여 먹습니다. 콩나물밥과 같이 나물이 들어간 밥은 양념장을 곁들이고 양념장 *yangnyeomjang*은 flavored soy sauce 라고 표현하고 양념장에는 간장, 다진 파, 다진 마늘, 고춧가루 등을 섞어 만듭니다.

설탕(sugar)

음식의 단맛을 내는 식품에는 sugar 설탕이 있는데 가루형태와 액체형태로 구매할 수 있어요. 설탕의 종류에는 sugar cane 사탕수수에서 방금 추출한 dark brown sugar 흑설탕, 흑설탕을 조금 정제한 light brown sugar 갈색설탕, 하얗게 정제한 granulated sugar (그 래뉼레이티드 슈가)가 백설탕이지만 일반적으로 sugar 라고 합니다. 백설탕을 곱게 갈아 서 케이크장식에 사용하는 powdered sugar 분당이 있습니다. 그리고 설탕 대신 사용하 는 인공감미료는 artficial sweetner 라고 하는데 일반 설탕의 600배 가까이 단맛을 낸다 고 알려져 있습니다.

설탕 이외에도 요리의 단맛을 위해 물엿, 꿀, 시럽, 올리고당 등을 사용할 수 있습니다. 물엿은 옥수수에서 추출하여 만들기 때문에 corn syrup 물엿이라 불리고, 단풍나무의 시 럽인 maple syrup 메이플 시럽, honey 꿀, 채식주의자들이 선호하는 선인장 꿀은 agave syrup 아가베 시럽이라고 하고, 설탕 당도의 75% 정도 되는 oligosaccharide 올리고당도 요리에 사용합니다.

된장(deonjang)

된장의 주재료는 대두입니다. 대두는 영어로 soybean 이고요. 된장의 농도는 수분이 적 은 뻑뻑한 상태로 이런 질감을 영어로는 페이스트 paste 라고 합니다. 그래서 된장은 soybean paste 입니다~ 쉽죠? 청국장(cheonggukjang)은 짧은 시간에 콩을 발효시켜 만 든 음식이니까 fast-fermented soy bean paste 이라고 하면 됩니다.

고추장(gochu-jang)

그럼 고추장은 어떻게 표현하면 될까요? 고추는 red chili 이고요, 역시 수분이 적고 뻑뻑 하니까 paste 를 사용하면 되겠죠. 그래서 고추장은 red chili paste입니다.

고춧가루(gochut-garu)

고춧가루는 고추를 말려서 갈아놓은 걸 말합니다. 이때 사용하는 고추도 홍고추이니 까 red chili 를 사용하고 가루는 영어로 파우더 powder 라고 합니다. 그러면 고춧가루 는 red chili power 라고 하면 돼요. 그런데 고춧가루는 고운 것도 있고 거칠게 간 것도 있어요. 먼저 고운 고춧가루라고 말하려면 fine 이라는 단어를 사용해서 fine red chili powder 라고 하면 되고요. 고추를 고추씨가 보이도록 거칠게 갈아서 만드는 것은 red chili flake 라고 해요. Flake 는 원래 얇은 조각을 말하는데 눈꽃송이를 snow flake 라고 하니까 어떤 때에 사용하는지 이해가 되셨나요?

기름

요리에 가장 많이 사용하는 oil 기름은 식용유입니다. 식용유는 vegetable oil, 콩기름은 soybean oil 이라고 합니다. 그런데 한식은 참기름과 들기름을 자주 사용한다는 점이 다른 나라의 음식과 다른 점이라고 할 수 있어요. 참기름은 참깨를 짜서 만들고 들기름은 들깨를 짜서 만듭니다. 참깨는 영어로 sesame seed, 들깨는 wild sesame seed 이기 때문에 참기름은 sesame oil 이라고 쓰고 들기름은 perilla oil 이라고 합니다.

식초(sikcho)

일반적으로 양조식초는 vinegar 비네거라고 하고 식초의 종류에는 apple vinegar 사과식초, red wine vinegar 레드와인 식초, 포도를 발효시켜 숙성시킨 balsamic vinegar 발사믹 식초 등이 있습니다. 한식에서는 현미를 발효시킨 rice vinegar / rice wine vinegar 현미식초를 요리에 주로 사용합니다.

조청(jocheong)

조청은 곡식을 malt 엿기름으로 삭힌 후 오랜 시간 고아서 걸쭉한 농도로 만든 액체상태의 감미료입니다. 물엿이 옥수수로 만들어 corn syrup 이라고 했다면 조청은 곡류가 원재료이기 때문에 grain syrup 이라고 표현합니다. 곡류가 grain 이기 때문이고요. 주로 조림을 만들거나 한과를 만들 때 사용합니다.

파(pa)

파는 한국 식재료에서 가장 중요한 부분을 차지합니다. 파는 양파과이기 때문에 미지막에 onion 이라는 단어가 붙어요. 같은 패밀리라는 것이죠. 그래서 green onion, spring onion 이라고도 하고 scallion 이라고도 합니다. 파에는 대파, 실파, 쪽파가 있는데 대파와 실파는 종자가 다르기 때문에 실파가 아무리 자란다고 해도 대파처럼 굵어지지는 않아요. 그리고 쪽파는 양파와 대파의 교배종이라 뿌리의 흰 부분이 둥글게 생겼지요.

그런데 중요한 사실은 외국의 마트에서 판매하는 파의 종류는 대부분 실파랍니다. 간혹 대파와 비슷하게 생긴 **leek** 릭크라는 것을 볼 수 있는데 맛은 절대 파와 같지 않고 단맛이 나며 외국에서는 스프를 끓일 때 사용합니다. 저자가 미국에 처음 갔을 때 감기가 걸려서 콩나물국을 끓이고자 대파를 사다 국을 끓였는데 알고보니 그게 릭크여서 콩나물 국에서 단맛이 났던 기억이 떠오릅니다. 모양이 같다고 해서 같은 맛을 내지는 않아요.

파 1대는 **stalk** 또는 **each** 라는 단위를 사용하면 되고, 파 한 단이라고 하면 **a bunch of green onions** 이라고 하면 됩니다. 이때 **bunch** 는 '~단'을 의미합니다. 만약 한 묶음이라고 하고 싶다면 **bunch** 대신에 **bundle** 을 사용하면 됩니다. 파의 뿌리부분은 **white part** 라고 하고 녹색부분은 **green part** 라고 표현합니다.

마늘(*manul*)

마늘은 가장 한국적인 색채를 가진 향신료라 불러도 과언이 아닐 만큼 한식에 많이 사용되지만 이태리 요리에서도 마늘은 한국만큼이나 중요한 향신료입니다. **Mince gralic** 곱게 다져서, **slice garlic** 통으로 또는 편썰기를 해서 사용합니다.

생강(*saenggang*)

생강은 **ginger** 라고 하고, 뿌리채소의 일종입니다. **Bitter taste** 쓴맛과 **spiciness** 매운맛이 특징으로 돼지고기 요리할 때 식재료의 잡냄새를 제거하는 역할을 합니다. 또한 소화를 촉진시키는 기작용 때문에 차나 술로 만들기도 합니다. 생(生)생강은 **fresh ginger** 라고 표현하고요. 생강은 껍질을 까서 얄팍하게 썰거나, 채썰거나, 다지거나, 갈아서 사용합니다. 생강껍질을 까다는 **peel ginger**, 생강을 얄팍하게 썰다는 **slice ginger**, 생강을 채썰다는 **julienne ginger**, 생강을 다지다는 **chop ginger**, 생강을 갈다는 **grate ginger** 라고 표현합니다.

후추(*huchu*)

후추는 식욕을 증진시키고 생선이나 육류의 냄새를 제거하는 역할을 하는데 검은 후추는 black pepper, 흰 후추는 white pepper 라고 해요. 통후추는 pepper corn, 후춧가루는 pepper powder 라고 한답니다. 흰 후추는 주로 생선에 검은 후추는 육류에 사용하는 것이 공식처럼 되어 있긴 하지만 최근 서양에서는 구분없이 사용하는 것이 트렌드이고 오히려 흑후추를 선호하는 추세입니다. 후추를 갈 때 사용하는 도구는 pepper mill 입니다. 요즘에는 레스토랑에서 음식을 서빙하는 종업원이 직접 테이블에서 페퍼밀로 후추를 뿌려주는 모습을 쉽게 볼 수 있습니다.

겨자(*gyeoja*)

겨자는 mustard 머스터드라고 읽습니다. 우리는 겨자 하면 주로 노란색 겨자를 떠올리는데 겨자씨 색이 노란색입니다. 한식에서는 겨자가루를 따뜻한 물에 개서 매운맛을 낸 뒤 식초, 설탕, 소금 등으로 양념하여 겨자장을 만들어 사용합니다. '겨자를 따뜻한 물에 개다'는 영어로 In a bowl, combine mustard powder and warm water and mix well 이라고 하면 됩니다.

액젓(*aekjeot*)

액젓은 *aekjeot*, fish sauce 라고 합니다. 일부 동남아 국가에서도 fish sauce 를 사용하지만 우리만큼 다양하지는 않습니다. 액젓은 소금으로 염장한 젓갈을 오랫동안 숙성시켜 여과장치로 젓국만을 걸러서 만든 것으로 종류에는 anchovy sauce 멸치액젓, sand lance sauce 까나리액젓 등이 있습니다.

참깨(*chamkkae*)

한식에는 유독 깨가 많이 들어갑니다. 깨는 sesame seed 참깨도 있고 흑임자라고 하는 black sesame seed 검은깨도 있습니다. 또한 toasted sesame seeds 볶은 깨를 절구에 반 정도 빻아 *kkae-sogeum* 깨소금으로도 쓰고, 빻지 않고 통으로 쓰는 통깨, 속껍질까지 벗겨서 볶은 것을 실깨라고 하여 음식에 고소한 맛과 톡톡 씹는 질감을 주는 역할을 합니다.

산초 Japanese pepper, Japanese pricklyash, Zanthoxylum piperitum

깻잎 *kkaetnip*, perilla leaves, mint family

미나리 *minari*, dropwort(water dropwort), Korean watercress Cresson=watercress 수경재배 식물

부추 Chinese chive

쑥갓 crown daisy

쑥 mugwort

솔잎 pine needle

고수 Chinese coriander

쓰촨 후추(화자오) Sichuan pepper

오미자 *Schizandra berry*(단맛, 신맛, 쓴맛, 짠맛, 매운맛의 5가지 맛을 가지고 있다 하여 오미자라고 부르는 것 아셨나요?)

감초 licorice

달래 wild chive

아욱 curled mallow

토란 taro root

근대 leaf beet, similar to swiss chard

적채 red cabbage, similar to radicchio

냉이 *naegi*(shepherd's purse shoot)

봄동 (*bomdong*) early spring nappa cabbage

여주 bitter melon

Food for thought

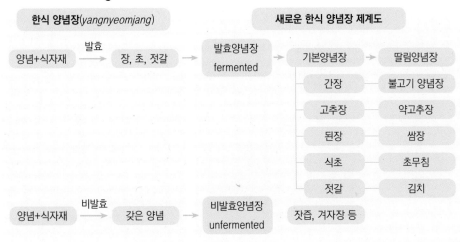

양념장, 한식 맛의 정수

양념장은 양념에 장을 곁들여 만든 혼합물입니다. 양념장은 서양의 소스와는 그 형태나 쓰임이 다르지만 [음식=원재료+손질+(가열)조리법+소스+담음새+상차림]이라는 일반적 구성을 가지고 있다는 점에서 음식의 맛과 풍미를 결정하는 데 가장 중요한 역할을 한다는 닮은 점이 있습니다. 양념장이라는 말은 예전부터 쓰이고는 있었으나 정확하게 개념 정의가 이루어지지 않고 있다가 위의 도표와 같이 2012년 이수부(덕영)의 논문에서 처음으로 정리되었습니다.

그는 양념장을 [양념장=장류+갖은 양념]으로 정의하였고 이를 다시 간장, 된장, 고추장, 젓갈, 식초 등 5가지 양념장 군으로 나누었는데 이 구분은 "발효식이 한식의 가장 중요한 특징이고 발효의 중심에 장류가 있다는 점을 강조하기 위한 것"이라고 하였습니다.

한식조리의 특징과 양념장의 중요성

양념장이 한식에서 가장 중요한 맛의 요소라면, 양념장은 한식이 가진 맛뿐만 아니라 식문화적 특징을 그 어떤 것보다 잘 반영할 수 있어야 합니다. 양념장에 대해 말한다는 것은 곧 한식을 논한다는 것과 같은 의미가 될 수 있으며, 양념장의 특징을 잘 정리한다는 것은 한식의 특징을 잘 정리한다는 것과 같은 의미라고 할 수 있습니다. 한식 관련 다양한 연구와 간행물에 등장하는 한식의 특징을 보면 한식은 탕반 문화를 기본으로 하는 공간전개형 상차림으로 절기식이 많고 발효음식 또는 절임음식이 발달해 있다는 것으로 요약됩니다.

이 중에서 한식의 맛을 좌우하는 특징이자 핵심은 발효에 있다고 할 수 있으며, 양념장은 장류를 기반으로 향신료 등을 첨가하여 맛을 더한다는 점에서 한식의 특징을 가장 잘 대변한다고 할 수 있습니다. 서양에서 조리라는 말은 "열"을 통해 음식의 물성을 변화시켜 먹기 좋고 맛도 좋고 소화도 쉽게 하는 것을 의미하기 때문에 고기를 얼마나 잘 굽고 소스를 얼마나 잘 만드느냐가 조리사의 꽃입니다. 반면 한식의 꽃은 '손맛'이며 술을 잘 빚고 김치를 잘 담그는 등 비가열 발효식에 더 비중을 두고 있어 양념장의 비율이나 원재료와의 비율 등 조화로운 맛을 내는 조절능력에 더 큰 가치를 두고 솜씨를 판단하는 기준으로 삼곤 합니다. 따라서 원재료 고유의 맛 이외에 조리를 하는 사람이 인공적으로 더하는 풍미 중 양념장은 중요한 구성요소이자 조리기법이며 맛의 노하우이므로 한식 맛을 결정하는 기본 중 기본이라고 할 수 있습니다.

양념장의 특징
양념장을 구성하는 요소는 장류와 갖은 양념인데 갖은 양념은 파, 마늘, 생강, 깨, 후추, 고춧가루 등 서양 개념으로 허브류와 향신료가 합쳐진 것에 설탕, 물엿, 조청과 같은 당류, 참기름과 같은 유지류가 추가된 것이라 할 수 있습니다.

1. 조화의 예술
한식에 들어가는 모든 재료는 5가지 장류와 이 재료들의 조합이요 그것이 만들어내는 연주라고 볼 수 있습니다. 어머니의 손맛은 이 단순한 재료의 조합으로 이루어지며, 그 조합의 비율이 맛의 변화를 가져와 전혀 다른 음식으로 탄생하는 것입니다.

2. 어떤 재료와도 잘 어울림

서양소스가 주로 고기를 위주로 한 것에 비해 한식 양념장은 소고기, 돼지고기, 닭고기, 생선 등 육류와 생선류는 물론 나물 등 재료의 속성에 상관없이 널리 쓰입니다.

3. 주재료와의 결합 타이밍과 용도의 다양성

서양조리의 경우 소스는 따로 만들거나 미리 만들어서 주재료(주로 고기)가 완성됐을 때 끼얹는 형태가 많습니다. 반면 한식에서 양념장은 미리 절이는 데 쓰는 서양의 marinade 마리네이드, 국에 푸는 것, 끼얹어 먹는 일반 소스, 찍어 먹는 dipping sauce 디핑소스, 채소에 뿌려 먹는 dressing 드레싱 등 주재료와의 결합 시점이 조리과정 중 또는 조리 전후로 다양합니다.

4. 간장이 기본 장의 중심

양념장에 쓰이는 종류로는 간장, 된장, 고추장, 젓갈, 식초 중 간장이 70% 이상을 차지하여 5가지 장류 중 가장 널리 쓰이고 있습니다.

서양소스 제조 공정과 한식양념장 제조 방식 비교

서양의 소스는 물과 맛을 내는 재료를 같이 끓여서 불필요한 요소로 수분을 날려버리고 맛을 농축시키는 방식으로 소스를 만든다면 한식양념장은 재료의 비율만 달리해서 혼합할 뿐 배타적이지 않고 포용적인 성격을 가지고 있습니다.

이런 특징에 따라서 한식 양념장은 서양의 소스와는 명백히 다른 개념이므로 **"양념장=한식 소스"**라는 등식은 어울리지 않습니다. 따라서 양념장은 Korean sauce가 아니라 *yangnyeomjang*이라고 표기하는 것이 장기적으로 합당합니다.

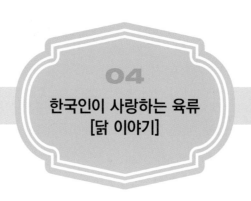

04
한국인이 사랑하는 육류
[닭 이야기]

CHICKEN

breast
가슴/안심

wing
날개

chicken leg
다리

chicken feet
닭발

trussed chicken

[종류] fried chicken 프라이드 치킨 roasted chicken 로스트 치킨 rotisserise 전기구이 hot and spicy chicken 닭갈비

[부위] chicken breast(lean meat) 닭 가슴살 chicken thigh(dark meat) 넓적다리살 chicken wings 닭날개 chicken leg 닭다리 wing drumette 닭봉 chicken feet 닭발 gizzard 닭 모래집

닭고기는 맛도 있고 다른 육류에 비해 저렴하기도 하지만 한국인의 치킨사랑은 유별난 것 같습니다. 또한 한류 드라마에서도 치맥이라는 단어를 유행시키면서 관광객 유치에 한 몫을 하고 있는 재료이기도 하지요.

닭은 chicken 이라고 하고 닭요리에는 fry 튀겨서 만드는 fried chicken 프라이드치킨, rotisserie chicken 전기구이, 닭을 통째로 jujube 대추, glutinous 또는 sweet rice 찹쌀, ginseng 인삼 등의 stuffing 속을 넣어 만든 삼계탕이 있습니다. 속을 넣어 실로 움직이지 못하게 고정시키는 것을 truss chicken 이라고 합니다.

먹는 부위에 따라 이야기해 보면 한국인에게 특히 사랑받는 부위는 chicken thigh 닭 넙적다리와 chicken leg 닭다리인 것 같아요. 이 부위는 살의 색이 어두워서 dark meat 이라고 하는데 씹는 질감이 좋아 집안의 어르신들이 독차지 하는 부위입니다. 한편 서양에서는 다소 퍽퍽하고 기름기가 없는 lean 한 부위인 chicken breast 닭 가슴살을 선호합니다. 술안주로도 많이 등장하는 부위는 wing 닭날개인데 한국에서는 속설로 바람이 난다고 해서 즐겨 찾는 부위는 아니지만 미국에서는 버팔로윙이라고 해서 닭날개만 모아서 조리하는 요리도 있습니다.

찜닭을 요리할 때는 bone-in 뼈를 제거하지 않고, skin-on 껍질째로 손질해서 조리하는 게 훨씬 맛이 좋다고 합니다.

술안주로 *pojangmacha*(street food tent) 포장마차에서 찾을 수 있는 콜라겐 듬뿍의 chicken feet 닭발, gizzard 모래집이 있습니다. 정말 버릴 곳이 하나도 없긴 하네요.

Chicken broth
닭육수는 여러 요리에 사용될 수 있는데 여기서는 닭육수 내기 과정을 살펴보도록 하겠습니다. 닭육수를 내는 과정은 다른 육수와 비슷합니다. 먼저 combine ingredients 재료를 합쳐서, simmer the broth 뭉근히 끓입니다. 그리고 skim impurities 불순물을 제거합니다. 불순물을 제거할 때 skimmer 나 slotted spoon 을 사용합니다. strain the broth 체에 거르고, degrease the stock 기름을 걷어낸 뒤 cool the stock 육수를 식힙니다. 그리고 체에 cheesecloth 면보를 place 깔고 식힌 육수를 거르면 맑은 육수를 얻을 수 있습니다.

닭육수 내기 chicken borth

- **Step1:** 재료를 합친다.

  combine ingredients.

- **Step2:** 뭉근히 끓인다.

  simmer the broth.

- **Step3:** 불순물을 거른다.

  skim the impurities.

- **Step4:** 육수를 체에 밭친다.

  strain the broth.

- **Step5:** 기름기를 제거한다.

  degrease the broth.

- **Step6:** 육수를 식힌다.

  cool the broth.

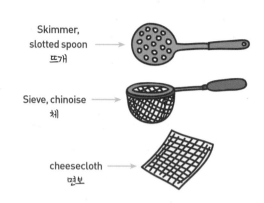

Skimmer, slotted spoon 뜨개

Sieve, chinoise 체

cheesecloth 면보

부위별 명칭		
한국식	서양식	용도
통닭	whole chicken	백숙, 삼계탕, 통닭구이
가슴살	chicken breast	구이, 튀김
날개	wing	튀김, 조림
다리	chicken thigh	구이, 튀김, 조림, 찜
닭발	chicken feet	조림
모래집	gizzard	튀김, 조림, 볶음

05
세상에서 가장 쉬운 요리
[달걀 이야기]

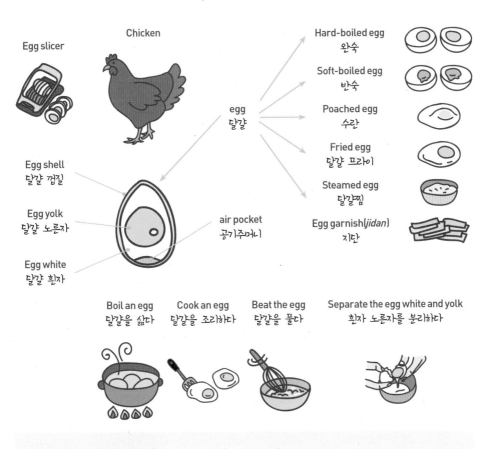

EGG

Egg slicer

Chicken

egg
달걀

Hard-boiled egg
완숙

Soft-boiled egg
반숙

Poached egg
수란

Fried egg
달걀 프라이

Steamed egg
달걀찜

Egg garnish(*jidan*)
지단

Egg shell
달걀 껍질

Egg yolk
달걀 노른자

air pocket
공기주머니

Egg white
달걀 흰자

Boil an egg
달걀을 삶다

Cook an egg
달걀을 조리하다

Beat the egg
달걀을 풀다

Separate the egg white and yolk
흰자 노른자를 분리하다

Q: How would like your egg?
A: I'd like it scrambled, please.

Egg 달걀은 매력적인 식재료입니다. egg shell 껍질, egg yolk 노른자, egg white 달걀흰자로 구성되어 있고 air pocket 공기주머니로 숨을 쉽니다. 그래서 달걀을 store 보관할 때는 둥근 면이 위로 가게 두어야 freshness 신선함을 오래 유지할 수 있습니다. 노른자는 egg yolk 인데 달걀흰자가 egg white 이기 때문에 노른자를 egg yellow 라고 말하는 경우가 빈번합니다만 노른자는 yolk 입니다. 꼭 기억해주세요!

　Boil an egg 달걀을 삶으면 soft-boiled egg 반숙을 좋아하는 사람도 있고 hard-boiled egg 완숙을 선호하는 사람도 있습니다. 여기서 soft 와 hard 는 달걀 노른자와 흰자의 상태를 말합니다.

　아침식사에 주로 등장하는 달걀요리에는 어떤 게 있는지 아시나요? 가장 일반적으로 손쉽게 하는 요리는 계란 프라이라고 부르는 fried egg 또는 sunny side up 입니다. 또한 수란과 같이 겉에 흰자만을 익히는 poached egg 포우치드 에그, 휘저어서 만드는 scrambled egg 스크램블드 에그, 안에 채소, 치즈, 햄 등을 넣고 말은 omelet 오믈렛이 가장 대표적입니다. 요즘 유행하는 브런치 메뉴 가운데 egg benedict 에그베네딕트라는 요리가 있어요. 이것은 잉글리쉬 머핀위에 수란을 얹고 hollandise sauce 홀랜다이즈 소스를 곁들여 먹는 브런치 메뉴입니다.

　달걀을 조리한다라는 말을 할 때는 cook 이라는 동사를 써서 cook an egg 로 표현합니다. 달걀찜을 하거나 scrambled egg 스크램블을 만들 때 달걀을 풀다는 '한 대 치다, 때리다'라는 beat 을 사용해서 beat an egg 라고 합니다. 그리고 '거품기로 달걀을 풀다'는 beat an egg with a whisk 로 표현할 수 있습니다.

　비빔밥에 흔히 오르는 것은 fried egg 달걀 프라이지만 달걀노른자만 올리는 경우도 있어요. 이 때는 노른자와 흰자를 분리해야 하는데 separate 이란 단어를 사용해서 separate the egg white and yolk 라고 하면 됩니다.

　또한 달걀은 고명으로 자주 등장하는데 지단은 영어로 *jidan* 이라고 쓰고 egg garnish 라고 설명하면 됩니다.

　서양에서는 달걀을 삶아서 샐러드 장식에 사용합니다. 그런데 칼로 자르기가 여간 어려운 게 아닙니다. 이 때 편리하게 사용할 수 있는 도구가 egg slicer 입니다.

Separate the whites and yolks of 3 eggs.
Add 1½ pinches of salt to the egg whites and repeat for the yolks. Mix them.

 Wipe an 8-inch heated nonstick pan with an oiled paper towel. Keep the temperature on medium-low.

 Pour the yolk mixture into the pan. Cook on medium-low until the surface is no longer runny. Flip the egg yolks with a spatula and cook for another minute.

 Let them cool before cutting.
Cut off the round edge of the egg to make it into two rectangles. Each rectangle will have the same width.

 For the egg yolk, stack the rectangle pieces and then cut them thinly.

 You can also cut them into diamond shapes. To do so, cut the egg into ½-inch strips first and then cut it diagonally to make diamonds.

지단 만들기

지단의 형태로 달걀을 고명으로 사용하는 나라는 한국이 유일한 것 같습니다. 지단은 흰자와 노른자를 분리하여 각각 소금으로 간을 하고, 기름 두른 팬에 얇게 크레이프처럼 펴서 약한 불에 부쳐냅니다.

부쳐낸 지단은 길게 julienne 채썰기도 하고 rectangle shape 골패형, diamond shape 마름모꼴로 썰어서 음식에 따라 장식을 합니다.

여러분도 아마 한번쯤 들어봤을 *jul-al* 줄알은 뜨거운 국물이 끓을 때 풀어 둔 달걀을 부어 부드럽게 엉기도록 하는 것입니다.

	MAKING JIDAN	지단 만들기
Step1	Separate the egg white and yolk.	노른자와 흰자를 분리한다.
Step2	Season them with salt.	소금으로 간을 한다.
Step3	Pour egg white on a greased pan over low heat and cook thoroughly.	흰자를 팬에 붓고 낮은 불로 완전히 익힌다.
Step4	Pour egg yolk on a greased pan over low heat and cook thoroughly.	노른자를 팬에 붓고 낮은 불로 완전히 익힌다.
Step5	When done, cut or julienne depending on the food that you garnish.	다 익으면 음식의 용도에 맞게 모양썰기 하거나 채썬다.

지단의 모양과 사용음식

julienne(채썬 것): 잡채

rectangular shape(직사각형): 국(soup), 찜(braised food, stew)

diamond shape(마름모꼴): 국(soup), 찜(braised food, stew)

jul–al(줄알): 국(hot soup)

06
쌀밥에는 소고기국
[소고기 이야기]

BEEF

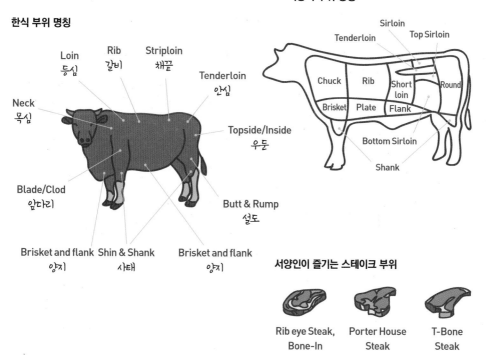

서양식 부위 명칭

Sirloin
Tenderloin
Top Sirloin

Chuck   Rib   Short loin   Round

Brisket   Plate   Flank

Bottom Sirloin

Shank

한식 부위 명칭

Loin
등심

Rib
갈비

Striploin
채끝

Tenderloin
안심

Neck
목심

Topside/Inside
우둔

Blade/Clod
앞다리

Butt & Rump
설도

Brisket and flank
양지

Shin & Shank
사태

Brisket and flank
양지

서양인이 즐기는 스테이크 부위

Rib eye Steak, Bone-In

Porter House Steak

T-Bone Steak

[한국 조리에 잘 쓰이는 부위] **knee bone** 도가니 **marrow bone** 사골 **short rib** 갈비 **sirloin** 채끝살 **shank** 사태 **tail** 꼬리 **brisket** 양지 **tripes** 천엽 **intestine** 곱창

meat 육류 **fresh meat** 생고기 **frozen meat** 냉동육 **defrost/thaw** 녹이다/해동하다 **domestic beef** 국내산 **imported beef** 수입육 **sieve/chinoise/colander strainer** 거르는 도구 체 **cheese cloth** 면보 **skimmer** 불순물 걷어내는 체 **grass fed** 풀먹여 키운 소 **raw, medium, well-done** 스테이크 익힘 정도 **marbling** 고기근육 속 지방의 분포 **take blood out** 핏물을 빼다

한국에서는 국물을 먹기 위해 고기부위를 다양하게 사용하는 반면 서양은 주로 고기를 먹기 위해 구이용으로 부위를 나누고 있습니다.

육수

육수는 기본적으로 재료에 물을 붓고 우려내는 것입니다. 우리는 육수를 *gungmul* 국물이라고 부릅니다. **Beef** 육류, **poultry** 가금류, **seafood** 해산물 등을 함께 사용할 수 있습니다. 한식에서 국과 탕의 차이점은 분명히 존재하지만 외국인의 입장에서 보면 **soup** 의 일종으로 분류하기 쉬워요. 무엇보다 국이나 탕을 끓이는 데 가장 큰 핵심은 국물 내기가 아닐까 싶습니다.

요리상식

Stocks과 broths의 차이점

Stock과 broth는 유사한 조리법과 시간이라는 공통점이 있습니다. 다른 음식에 사용하기 위해 국물을 내는 것을 stocks라고 합니다. Broth는 그냥 마실 수 있는 것이고 stock은 그것으로 다른 걸 만들기 위한 바탕이 되는 액체입니다. 따라서 한식에서 말하는 육수는 그대로 마실 수 있기 때문에 broth에 가깝지요. 또한 사용하는 재료에 따라 소고기육수, 닭육수, 멸치육수, 채소육수 등으로 구분할 수 있습니다.

거르는 도구

Prepare ingredients 재료를 손질하려면 **knife** 칼이 필요하고 물을 붓고 끓이려면 **pot** 냄비가 필요하고 타지 않도록 저을 수 있는 **spatula** 주걱이 필요합니다. 재료에 따라서 **remove blood from meat** 핏물을 빼거나, 새우 내장을 **devein** 빼내거나, 수염을 **debeard** 제거하는 작업이 필요하기도 합니다.

  음식을 부드럽게 만들거나 불순물을 제거하고 덩어리를 거를 때 체를 사용하는데요. 체에도 여러 종류가 있어요. 우리가 일반적으로 과일을 씻어서 물기를 뺄 때 사용하는 것은 구멍이 큰 **colander** 콜랜더이고요, 국수를 삶아서 물기를 뺄 때 사용하는 것은 **strainer** 로 **colander** 보다는 구멍이 더 촘촘합니다. **strainer** 보다 구멍이 더 촘촘하고 아랫면이 둥근 것이 sieve 씨이브입니다. 스프와 같이 아주 곱게 만들기 위해서는 chinois 시누와라는 깔때기 모양의 체를 사용합니다. 보통 한식에서는 sieve 나 strainer 를 많이 사용합니다.

- -

소고기육수 만들기

소고기육수는 한식의 어떤 음식에도 잘 어울립니다. 사용하는 소고기 부위는 brisket 양지, shank 사태, marrow bone 사골, ribs 갈비를 주로 사용하며, 국의 종류에 따라 사용하는 소고기 부위도 달라집니다.

대표적으로 설날에 먹는 떡국이나 생일의 미역국의 베이스로 소고기육수를 사용합니다.

고기의 핏물을 빼는 것은 고기에서 나는 특유의 냄새를 제거하기 위한 것으로 서양에서는 찾아보기 어렵습니다. 뼈가 없는 고기는 키친타월로 가볍게 눌러 핏물을 제거하고, 갈비처럼 뼈가 붙어 있는 부위는 찬물에 1시간 이상 담가 두어야 맑은 국물을 만들 수 있습니다. 서양의 경우는 consommè 콘소메와 같이 clear soup 맑은 스프를 만드는 경우 육수 위로 떠오르는 impurities 불순물을 국자로 skim off 걷어 내거나 흰자를 풀어 불순물을 걷어내는 방법을 사용하고 있습니다.

Ingredients

beef shank 소고기 사태 500g, 3 stalks of scallion 대파 3개, 4 cloves of garlic 마늘 4쪽, 10cups 물 10컵

Cooking direction

- **Step1:** 사태를 1시간 가량 물에 담가 피를 뺍니다.

  Soak the shank in cold water for about an hour to remove blood.
- **Step2:** 재료를 솥에 넣고 잠기도록 찬물을 넣습니다.

  In a pot, put every ingredients and cover with cold water.
- **Step3:** 끓입니다.

Bring to a boil.

- **Step4:** 중불로 낮추고 1시간 가량 뭉근히 끓입니다.

  Reduce the heat to medium and simmer for an hour.

- **Step5:** 표면에 떠오르는 불순물들은 걷어냅니다.

  Skim off any impurities floating on the surface.

- **Step6:** 불에서 냄비를 내립니다.

  Remove the pot from the heat.

- **Step7:** 면보를 얹은 체에 거릅니다.

  Strain the stock through a sieve lined with cheesecloth.

- **Step8:** 육수를 식힙니다.

  Cool the broth.

재료손질에 쓰이는 표현

주재료	한글명칭
boneless	뼈를 발라낸, 뼈없는~
bone-in	고기 안에 뼈가 붙어 있는
skinless	껍질을 벗긴
skin-on	껍질이 붙어 있는
boneless, skinless	껍질을 벗기고 뼈를 발라낸
bone-in, skinless	뼈는 붙어 있고 껍질은 벗긴
육류 boneless, skin-on	뼈는 발라내고 껍질은 붙어 있는
bone-in, skin-on	뼈와 껍질이 모두 있는
butterfly	얇게 펴다
quartered	4등분 하다
smoked	훈제하다
marinated	양념에 재우다
brined	소금물에 절이다
tied	실로 묶다
trussed	실로 묶다(삼계탕 닭에 속을 넣고)

부위별 용도

부위별 명칭		용도
한국식	서양식	
갈비	ribs	찜, 구이, 탕
곱창	intestine	구이, 곰탕
꼬리	tail	곰탕, 찜
도가니	knee bone	탕(국)
등심	loin	구이, 산적, 전골
목심(장정육)	chuck	편육, 구이, 탕, 조림
사골	marrow bone	탕(국)
사태	shank	탕, 조림, 편육
안심	tenderloin	구이, 전골
양지	brisket	탕, 찜, 구이
천엽	tripes	전, 회, 전골
채끝살	striploin	구이, 산적
홍두깨살	round	육회, 산적, 탕
업진육	plate flank	탕

참고: 한국의 전통음식

소고기 등급 한국식 vs 미국식

근육 내 지방이 분포하는 정도를 marbling 마블링이라고 하는데 지방이 많아질수록 고기의 질감이 부드러워 사람들이 선호합니다. 한국의 경우 소고기 등급은 육질등급과 육량등급으로 구분하여 판정하는데 육질등급은 고기의 질을 근내지방도(마블링), 육색, 지방색, 조직감, 성숙도에 따라 1++, 1+, 1, 2, 3의 5개 등급으로 구분되어 소비자가 고기를 선택할 때 기준이 되고, 육량등급은 A, B, C등급으로 판정합니다. 미국의 경우 prime, choice, select, standard, commercial, utility, cutter, canner의 총 8개 등급으로 구분하고 있습니다. 우리나라로 수입되는 소고기에 대해서는 국내에서 등급판정을 실시하지는 않는다고 합니다(축산물 품질 평가원, 2016).

육질등급 판정기준

근내지방도 marbling, 육색, 지방색, 조직감, 성숙도에 따라 1^{++}, 1^+, 1, 2, 3 등급으로 구분합니다.

근내지방도에 의한 등급기준

1^{++}등급 : No8, No9
1^+ 등급 : No8, No7
1 등급 : No4, No5
2 등급 : No2, No3
3 등급 : No1

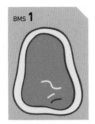 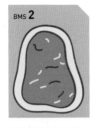 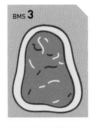 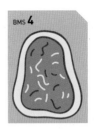

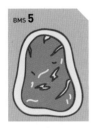 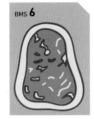 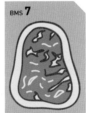 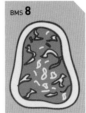 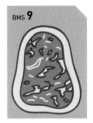

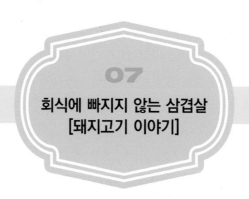

회식에 빠지지 않는 삼겹살
[돼지고기 이야기]

PORK

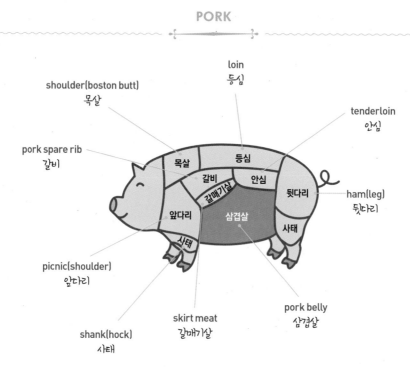

- loin 등심
- shoulder(boston butt) 목살
- tenderloin 안심
- pork spare rib 갈비
- ham(leg) 뒷다리
- picnic(shoulder) 앞다리
- shank(hock) 사태
- skirt meat 갈매기살
- pork belly 삼겹살

목살 / 등심 / 갈비 / 안심 / 갈매기살 / 뒷다리 / 앞다리 / 삼겹살 / 사태

pig 돼지 pork meat 돼지고기 pound meat 고기를 얇게 두드리다 tenderize 부드럽게 하다 meat tenderize 고기
연육 망치 spider web 건진망 wrap 쌈싸다 breading 빵가루 입히기 pork cutlets 돈까스 braised ham hock 족발
pork blood sausage 순대

돼지는 **pig** 입니다. **fig**는 무화과이므로 주의하세요. 그리고 **pork** 돼지고기는 한국인이 참 좋아하는 육류입니다. 저렴해서인지 회식에는 빠지지 않는 필수 메뉴처럼 되어 버렸습니다. 아마도 많은 사람이 함께 먹을 수 있기 때문에 인기가 있는 것 같아요. 돼지고기는 다른 육류와 달리 꼭 **fully cooked** 완벽하게 익혀서 먹는 것이 중요합니다.

외국인들에게는 **bacon** 베이컨으로 잘 알려진 부위가 **pork belly** 삼겹살입니다. 삼겹살은 뱃살 부위로 **flesh** 살코기와 **fat** 지방이 삼겹의 막을 형성하고 있는데 우리는 구이로 많이 먹지만 외국에서는 베이컨으로 가공해서 먹습니다. 베이컨은 삼겹부위를 **brined** 염장하여 **smoked** 훈제한 것이고 삼겹살은 전혀 가공하지 않은 생고기를 말합니다.

외국에서는 좀처럼 먹지 않는 부위지만 한국인들에게 사랑받는 **hock** 족발, 학 또는 **ham hock** 햄학이 있습니다. 주로 막걸리와 함께 즐겨먹는데 족발은 *jokbal*, braised ham hock 이라고 표현합니다.

부위별 용도

부위별 명칭		용도
한국식	서양식	
돼지머리	head	편육
부챗살	shoulder	편육, 조림, 찜, 구이
항정살	jowl meat	구이
등심	loin	구이, 튀김
안심	tenderloin	구이, 튀김
뒷다리살	ham	구이, 편육, 찜, 조림, 볶음
돼지족	hock(ham hock)	족편, 족찜
삼겹살	pork belly	구이, 찜
갈비	sparerib	구이, 찜

참고: 한국의 전통음식(2010)

관련 메뉴

돼지고기	돼지갈비구이	*dwaegi-galbi-gui*	grilled spareribs (grilled pork ribs)
	삼결살구이	*samgyeopsal-gui*	grilled pork belly

한국인이 즐기는 돼지고기 메뉴는 삼겹살 다음으로 돈까스가 있습니다. 까스는 cutlet의 일본식 표현으로 빵가루를 입혀서 튀겨내는 메뉴입니다.

튀김옷을 입히다, 빵가루를 입히다는 bread 라는 단어를 사용하는데요. Breading 브레딩이라고 하면 '빵가루 입히기'의 뜻으로 쓰입니다. 만약 돈까스 옷을 입히다를 말하려면 breading pork cutlets 이라고 하면 됩니다. 먼저 재료에 밀가루를 묻히고 계란을 묻힌 뒤 bread crumbs 빵가루를 입히는 순서로 진행됩니다.

BREADING

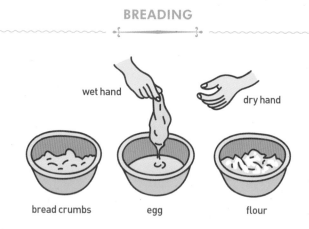

한식에는 많이 사용되지 않는 조리법이 기름을 다량으로 사용하는 튀김입니다. 튀김에는 기름을 많이 넣고 하는 deep-fat fry, 대표적으로 감자튀김이 있고요. 팬에 기름을 적게 넣고 튀기는 pan-fry 는 돈까스가 대표적입니다. 튀김은 튀김옷(batter, 배러)을 잘 만드는 것이 생명이라고 볼 수 있을 것 같습니다. Batter 는 농도가 묽은 반죽을 가리키는데 대표적으로 pancake batter 팬케이크 반죽이 있습니다.

튀김옷 입히기

튀김옷을 입히는 순서는 밀가루-계란-빵가루가 가장 일반적인 순서로 알려져 있는데요. flour(꽃의 flower 와 발음이 동일) 밀가루는 주로 중력분을 사용해요. 중력분은 다목적으로 사용되기 때문에 all-purpose flour 라고 하는데 줄여서 AP flour라고도 합니다.

박력분은 케이크를 주로 만드는 데 사용하기 때문에 cake flour, 강력분은 빵을 만드는 데 사용하기 때문에 bread flour 라고 합니다. 빵가루는 bread crumb 이라고 합니다. 일식에서는 쌀가루를 사용하기도 하는데 쌀가루는 rice powder 라고 하면 되겠지요.

그럼 본격적으로 돈까스를 만들기 위한 빵가루 입히기를 해볼까요?

빵가루 입히기

- Step1: 접시에 밀가루를 붓는다. Pour all-purpose on a plate.
- Step2: 달걀을 볼에 풀다. Beat the eggs in a bowl.
- Step3: 빵가루를 접시에 담다. Pour dried bread crumbs onto another plate.
- Step4: 커틀릿을 밀가루에 묻히다. Dredge the cutlet in flour.
- Step5: 필요 이상의 밀가루를 털어낸다. Shake off the excess flour.
- Step6: 밀가루 묻힌 커틀릿을 달걀물에 담그다. Dip the floured cutlet in egg.
- Step7: 빵가루를 묻히다. Coat the cutlet with bread crumbs.

튀김의 도구

튀김은 다량의 기름을 사용하기 때문에 많은 주의가 필요한 조리법인데요. 튀김을 하는 기계는 fryer 라고 하고 chopsticks 튀김젓가락, 튀김 기름이 잘 빠져나가도록 만든 굵은 망 spider 스파이더, 기름기를 빼기 위해 paper towel 종이 타월, tongs(터엉) 집게가 필요합니다.

기름의 종류

기름은 vegetable oil 식물성 기름, animal fats 동물성 기름으로 나뉩니다. 식물성 기름에는 corn oil 옥수수기름, soybean oil 콩기름, grapeseed oil 포도씨유, canola oil 카놀라유, olive oil 올리브오일, safflower oil 홍아씨유, 한식에 많이 쓰는 sesame oil 참기름, wild sesame oil 들기름이 있습니다. 참기름은 다량을 사용하는 것이 아니라 고소한 향을 위해 마지막에 소량을 넣는데 참기름 한 방울이라고 한다면 a dash of sesame oil 이라고 하면 됩니다.

올리브 오일은 olive 올리브를 압축해서 만드는데 압축해서 가장 먼저 추출되는 것은 extra virgin olive oil(EVOO) 엑스트라 버진 올리브오일이라고 부릅니다. 기름의 색은 선명한 녹색을 띠고 향이 뛰어납니다. 그러나 발연점이 낮아서 다른 말로 하면 열에 약하기 때문에 추출한 상태 그대로 먹는 것이 가장 좋습니다. 그래서 샐러드에 많이 사용됩니다. 한번 압축한 것을 다시 압축한 것이 중간등급의 virgin olive oil 버진 올리브 오일인데 다목적으로 사용하기 좋습니다. 그 다음으로 pure olive oil 퓨어 올리브오일이 있는데 향, 색, 맛이 거의 없어서 일반적으로 식용유 대용으로 사용하기 좋아 튀김이나 부침요리를 할 때 사용합니다.

동물성 기름에는 butter 버터, lard 돼지기름, beef tallow 우지가 있어요. 또한 너트류에도 기름이 나오는데 peanut oil 땅콩기름, hazelnut oil 헤이즐넛 오일, walnut oil 호두기름이 있습니다. 이렇게 향이 강한 오일들은 튀김에 사용하기 보다는 향을 위해 마지막에 살짝 넣어 요리의 풍미를 더하는 경우가 많습니다.

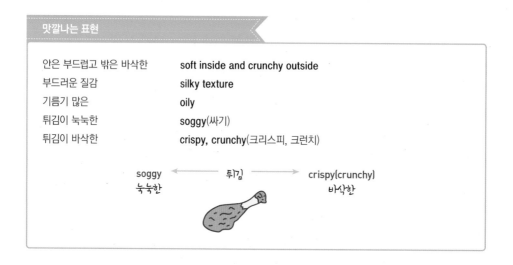

맛깔나는 표현

안은 부드럽고 밖은 바삭한	soft inside and crunchy outside
부드러운 질감	silky texture
기름기 많은	oily
튀김이 눅눅한	soggy(싸기)
튀김이 바삭한	crispy, crunchy(크리스피, 크런치)

soggy ← 튀김 → crispy(crunchy)
눅눅한 　　　　　 바삭한

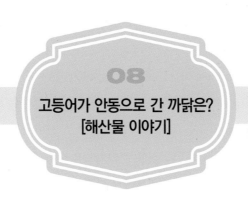

08

고등어가 안동으로 간 까닭은?
[해산물 이야기]

SEA FOODS

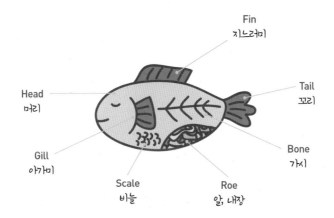

Fin
지느러미

Head
머리

Tail
꼬리

Bone
가시

Gill
아가미

Scale
비늘

Roe
알, 내장

Fillet 낱장(길이로 자른) steak cut(세로로 자른 조림용)

[넙치류] Halibut 넙치 dover sole 가자미 skate 홍어 turbot 광어 monk fish 아귀

[흰살생선] cod 대구 seabass 농어 grouper 다금바리 snapper 참돔 mackerel 고등어 anchovy 멸치 eel 장어
puffer fish 복어

[붉은 살 생선] salmon 연어 trout 송어 tuna 참치

[갑각류] lobster 바닷가재 crab 게 shrimp 새우 tiger shrimp 차새우

[조개류] oyster 굴 mussel 홍합 clam 조개 scallop 관자 avalone 전복 conch 고동

[연체동물] octopus 문어 squid 오징어 calamari 한치 cuttlefish 오징어채에 쓰는 오징어
sea cucumber 해삼 shark's fin 상어지느러미 swallow's net 제비집 sea urchin 성게알

이번에는 fish 생선과 seafood 해산물에 대해 알아보겠습니다. 삼면이 바다로 둘러싸인 한국은 비교적 풍부한 생선과 해산물을 접할 수 있었지만 안동은 내륙지역이라 생선을 먹는 게 좀처럼 쉽지 않았습니다. 그래서 많이 잡히는 mackerel 고등어를 내륙으로 이동하기 위해서는 저장방법이 필요했지요. 그러나 지방이 많은 고등어는 쉽게 부패하는 까닭에 가장 안전하게 생선을 옮기는 방법으로 소금에 절인 염장법을 택했던 것입니다. 그리하여 소금 간을 한 안동고등어가 탄생하게 되었습니다.

생선의 머리는 head, 아가미는 gill, 비늘은 scale, 꼬리는 tail, 지느러미는 fin, 알은 roe 라고 부릅니다.

생선은 먼저 손질이 필요한데 머리와 내장을 제거한 생선을 dressed fish 라고 부릅니다. 다음단계를 위해 옷을 잘 갖춰 입었다는 의미에서 dress 드레스라는 동사를 사용합니다. 그래서 잘 차려입다를 dress up 이라고 표현합니다.

손질이라 하면 필요 없는 것을 제거하는 일인데 접두사 de~를 사용한 표현이 등장합니다. 접두사는 단어 앞에 붙어서 부정의 의미를 갖게 하는 건데요. 반대말이 되는 경우를 살펴보면 hydrate 는 수분을 주다인데 dehydrate 는 건조하다, freeze 얼다, 얼리다와 defrost 해동하다 등입니다.

Dehydrate mushroom 은 버섯을 말리다, 건조하다인데 요즘 이것만을 전문으로 하는 기계가 등장했습니다. Dehydrator 라고 쓰고 건조기라고 해석합니다.

새우의 내장을 떼어낸다고 할 때 내장은 vein 인데 de 가 붙어서 devein 이 되면 내장을 제거하다라는 동사가 됩니다. 또한 홍합은 수염을 제거하는데 수염은 beard 라는 명사입니다만 debeard 는 수염을 제거하다의 의미를 갖게 됩니다.

예문: deveined shrimp, debearded mussel

Scale 은 비늘이란 명사인데 여기에 ~ed를 붙여 scaled 비늘을 벗긴의 의미로 사용되고 gut 은 내장인데 gutted 라고 써서 내장을 제거한, skin 은 껍질인데 skinned 라고 해서 껍질을 벗긴의 의미로 사용되고 있습니다.

새우손질하기

새우손질에 필요한 것은 껍질을 제거하고 내장을 빼내는 것입니다. Shrimp 새우는 아래 그림처럼 head 머리와 legs 다리를 떼고 껍질을 벗겨내는데 pull off 라는 동사를 사용합니다. 등쪽에 칼집을 살짝내고 vein 내장을 떼어냅니다.

새우내장 빼기

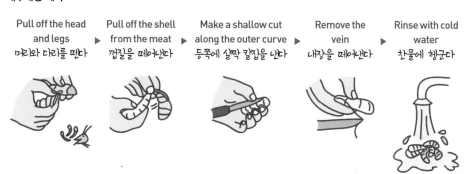

| Pull off the head and legs
머리와 다리를 뗀다 | Pull off the shell from the meat
껍질을 떼어낸다 | Make a shallow cut along the outer curve
등쪽에 살짝 칼집을 낸다 | Remove the vein
내장을 떼어낸다 | Rinse with cold water
찬물에 헹군다 |

홍합손질하기

홍합손질은 입술에 붙어있는 수염을 떼어내는 것입니다. 이때 debeard 라는 동사를 사용합니다. how to debeard mussels 라고 하면 홍합 수염 제거 방법을 묻는 것이 됩니다.

remove this

오징어손질하기

오징어는 외국에서 일반적으로 사용하는 식재료는 아닙니다만 이탈리아에서는 애피타이저로 오징어를 튀겨서 먹는 음식이 있습니다. 이름차어 fried calamari 낄라마리는 한지류의 작은 오징어로 원형링으로 잘라서 빵가루 입혀서 튀긴 것을 말합니다.

오징어는 촉수와 안에 있는 뾰족한 플라스틱을 제거하고 머리와 내장을 떼어낸 뒤 껍질을 벗겨 원형 또는 레시피에서 요구하는대로 모양내서 잘라 사용합니다.

오징어 다리인 촉수는 tentacle 이라고 하고, 내장은 innards 이라고 하며 오징어 몸통은 mantle, 눈은 eye 라고 합니다. 다소 단어가 어렵긴 합니다.

오징어 손질하기

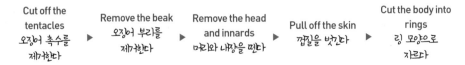

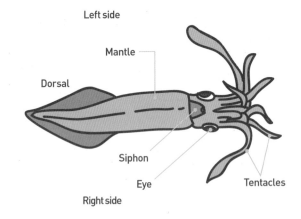

 Pull all the tentacles, head and innards out.

 Pull out the beak.

 Use the side of your hand and squeeze out the gunk.

 Cut off the tentacles ready for cooking.

 Pull off the outer skin.

 Slice up the squid into rings.

비빔밥(*bibimbap*)

INGREDIENTS	
800g cooked rice	흰밥 800g
1 tablespoon *gochu–jang*(red chili pepper paste)	고추장 1큰술
1 tablespoon sesame oil as needed	참기름 1큰술
Seasoned mushrooms	**버섯나물**
5 fresh *pyogo* (shiitake)mushrooms	생표고버섯 5개
pinch of salt	소금 약간
1 teaspoon vegetable oil	식용유 1작은술
Seasoned bean sprouts	**콩나물무침**
100g bean sprouts	콩나물 100g
pinch of salt	소금 약간
½ tablespoon sesame oil	참기름 ½큰술
Seasoned spinach	**시금치나물**
150g spinach	시금치 150g
pinch of salt	소금 약간
2 teaspoons soy sauce	간장 2작은술
1 tablespoon sesame oil	참기름 1큰술
½ teaspoon toasted and crushed sesame seeds	깨소금 ½작은술
Marinade for beef	**소고기양념**
100g ground beef	다진 소고기 100g
1 tablespoon soy sauce	간장 1큰술
1 tablespoon sugar	설탕 1큰술
1 teaspoon minced green onion	다진 파 1작은술
1 ½ teaspoons minced garlic	다진 마늘 1 ½작은술
1 tablespoon sesame oil	참기름 1큰술
½ teaspoon toasted and crushed sesame seeds	깨소금 ½작은술
pinch of ground black pepper	후춧가루 약간

1. Remove the stems of *pyogo* mushrooms. Julienne the mushrooms.

표고버섯은 기둥을 제거하고 가늘게 채 썬다.

2. Trim the spinach and bean sprouts and rinse.

시금치와 콩나물은 다듬어 깨끗이 씻는다.

3. Combine all the beef marinade ingredients in a bowl. Add the beef to the bowl and marinate for 5 minutes.

볼에 소고기 볶음 재료를 넣고 섞은 뒤 소고기를 넣고 조물조물 무쳐 5분 동안 재운다.

1. Heat pan with oil and saute sliced mushrooms with salt.

뜨겁게 달군 팬에 식용유를 두르고 채 썬 표고버섯을 소금 간하여 볶는다.

2. Blanch spinach with 3 cups of water and a little salt for one minute. Squeeze out excess moisture after rinsing with cold water and cut in half if necessary. Add seasonings.

물 3컵을 끓여서 소금을 약간 넣고 시금치를 1분 동안 데친다.
찬물에 헹궈 물기를 꼭 짠 다음 길면 반으로 자른다.
시금치 양념 재료를 넣고 무친다.

3. Cook soybean sprouts over low heat for about 15 minutes with lightly salted water. Once it is cooked, drain the water and season with salt and sesame oil.

콩나물을 소금물에 넣어 약불에서 15분간 삶는다. 익으면 콩나물을 건져내어 소금과 참기름으로 양념한다.

4. Place a pan over high heat and stir-fry the marinated beef.

뜨겁게 달군 팬에 양념한 소고기를 넣고 익을 때까지 볶는다.

5. Scoop cooked rice in the individual bowls and place the *pyogo* mushrooms, spinach, bean sprouts and beef side by side on top of the rice.

밥을 퍼서 그릇에 담고 준비한 표고버섯, 시금치, 콩나물 그리고 소고기 볶음을 나란히 얹는다.

6. Serve the *gochu-jang* and sesame oil on the side.

고추장과 참기름은 따로 담아낸다.

김밥(*gimbap*)

INGREDIENTS	
800g cooked rice	800g 흰밥
1 teaspoon salt	소금 1작은술
3 tablespoons sesame oil	참기름 3큰술
4 sheets toasted laver	구운 김 4장
150g ground beef	다진 소고기 150g
4 pickled radishes	단무지 4줄
1 English cucumber	오이 1개
100g carrot	당근 100g
4 eggs	계란 4개
pinch of salt	소금 · 참기름
sesame oil as needed	적당량씩·
Marinade for beef	**고기 양념장**
3 tablespoons soy sauce	간장 3큰술
1 tablespoon sugar	설탕 1큰술
1 ½ tablespoons minced green onion	다진 파 1 ½큰술
2 teaspoons minced garlic	다진 마늘 2작은술
ground black pepper as needed	후춧가루 약간

PREPARATION	
1. Season cooked rice with salt and sesame oil while it is warm. Cool it down a little bit.	고슬고슬한 따뜻한 밥에 소금과 참기름을 넣고 버무려서 약간 식힌다.
2. Marinate the beef with beef marinade for about 20 minutes. Once marinated, stir-fry until fully cooked.	다진 소고기는 20분 동안 고기 양념장에 재웠다 뜨겁게 달군 팬에 고기가 익을 때까지 볶는다.
3. Cut the pickled radish into batonnets.	단무지는 김 길이에 맞춰 썬 뒤 연필 굵기로 썬다.
4. Julienne the carrot finely and saute lightly with pinch of salt.	당근은 곱게 채 썰어 소금을 조금 넣고 팬에 볶아 식힌다.
5. Beat eggs and season with salt. Fry and then cut into long thick sticks.	계란은 소금을 조금 넣고 푼다. 도톰하게 부친다. 계란을 팬에 프라이 한 뒤 길고 두꺼운 막대 모양으로 자른다.

1. Place a sheet of the toasted laver shiny-side down on a bamboo mat. Put a cup of seasoned rice in the center of the sheet. Spread the rice evenly.

2. Arrange the beef, a slice each of pickled radish, carrot and egg at the center of the rice. Roll the bamboo mat. While you roll, press firmly to shape the roll.

3. Grease the knife with sesame oil, then cut the rolls into bite-size pieces.

김의 매끄러운 부분이 김발에 마주하도록 놓는다.
조미한 밥 1컵을 김 중앙에 올린다.
전체적으로 고르고 넓게 편다.

밥 가운데에 소고기, 단무지, 계란을 나란히 놓는다.
김발을 만다.
롤을 말 때 꼭꼭 눌러가며 모양을 잡는다.

칼에 참기름을 바르고 한입 크기로 썬다.

김치볶음밥(*kimchi-bokkeum-bap*)

500g cooked rice	흰밥 500g
200g *baechu-kimchi*	배추김치 200g
100g ground pork	다진 돼지고기 100g
50g carrot	당근 50g
150g onion	양파 150g
2 eggs	계란 2개
5 tablespoons vegetable oil	식용유 5큰술
salt and ground black pepper as needed	소금·후춧가루 약간씩

PREPARATION

1. Prepare cooked rice.	흰밥을 준비한다.
2. Chop the *kimchi* into small pieces.	배추김치는 작게 썬다.
3. Chop the carrot and onion into small bite-size pieces.	당근과 양파는 잘게 다진다.

COOKING DIRECTION

1. Saute onion until translucent over medium high heat. Add the pork, carrot and *kimchi* and stir-fry until the pork is cooked.	중불에 다진 양파를 넣어 투명해질 때까지 볶는다. 다진 돼지고기와 당근, 김치를 넣어 돼지고기가 익을 때까지 볶는다.
2. Add the cooked rice and stir-fry. Season to taste with soy sauce, salt and black pepper.	밥을 넣고 볶는다. 간장, 소금, 후춧가루로 간을 맞춘다.
3. In a separate pan, fry eggs sunny side up style. Place the *kimchi* fried rice in individual bowls and top with a fried egg.	다른 팬에 계란은 프라이한다. 김치볶음밥을 그릇에 담은 뒤 계란프라이를 하나씩 올려서 낸다.

떡국(*tteokguk*)

INGREDIENTS	
500g sliced rice cake	떡국 떡 500g
100g beef brisket	소고기(양지머리) 100g
8 cups water	물 8컵
2 eggs	계란 2개
3 stalks green onion	파 3대
1 tablespoon minced garlic	다진 마늘 1큰술
1 tablespoon clear soy sauce	국간장 1큰술
salt and ground black pepper as needed	소금 · 후춧가루 적당량씩

PREPARATION	
1. Rinse the sliced rice cakes in cold water and drain.	떡국 떡은 찬물에 씻어 건진다.
2. Place the beef in cold water for 30 minutes to draw blood out. Slice the beef thinly against the grain.	소고기는 찬물에 30분 정도 담가 핏물을 뺀다. 결 반대 방향으로 납작하게 저며 썬다.
3. Pour the 8 cups of water into a large pot and bring to a boil. When it boils, add the beef and reduce the heat to low and simmer for 20 minutes. Skim off any impurities floating on top.	냄비에 물 8컵을 부어 끓인다. 물이 끓으면 썰어 놓은 고기를 넣고 20분간 약한 불로 끓인다. 위에 뜨는 불순물은 걷어낸다.
4. Beat the eggs with a pinch of salt.	계란은 약간의 소금과 함께 푼다.
5. Slice the green onions diagonally.	실파는 어슷썬다.

COOKING DIRECTION	
1. Season the boiling broth with *ganjang* and salt. Add rice cake and chopped garlic and cook for another 5 minutes.	끓는 육수에 국간장과 소금을 넣어 간을 맞추고, 씻어둔 떡과 다진 마늘을 넣어 5분 정도 끓인다.
2. When rice cakes are floating on the surface, add green onions and beaten eggs. Stir lightly and bring the broth to a boil. Season with salt if necessary.	떡이 떠오르면 어슷썬 파를 넣고 풀어둔 계란을 넣는다. 한번 젓고 다시 끓인다. 부족한 간은 소금으로 맞춘다.
3. Ladle the soup in a bowl. Serve immediately.	각자의 그릇에 떡국을 담는다. 바로 서빙한다.

미역국(*miyeok-guk*)

INGREDIENTS

300g beef brisket	소고기 양지머리 300g
2 tablespoons soy sauce for soup	국간장 1큰술
1 tablespoon minced garlic	다진 마늘 1큰술
50g dried seaweed	마른 미역 30g
3 tablespoons sesame oil	참기름 3큰술
8 cups water	물 8컵
soy sauce for soup, salt and ground black pepper as needed	국간장 · 소금 · 후춧가루 약간씩

PREPARATION

1. Slice the beef thinly. Marinate the beef with soy sauce for soup and minced garlic.	소고기는 납작하게 썬다. 고기를 국간장과 다진 마늘을 넣어 양념한다.
2. Soak the dried seaweed in enough water for about 30 minutes to rehydrate. Cut the seaweed into bite-size pieces and squeeze out the excess water.	마른 미역은 물을 넉넉하게 부어 30분 정도 불린다. 먹기 좋은 크기로 작게 썰어 물기를 꼭 짠다.

COOKING DIRECTION

1. Saute marinated beef until it is half cooked with sesame oil on a heated pan.	달군 냄비에 참기름을 두르고 양념한 고기가 반 정도 익을 때까지 볶는다.
2. Add the seaweed to the pot and stir-fry. Pour in 8 cups of water and bring to a boil over high heat.	1의 냄비에 미역을 넣고 볶다가 물 8컵을 부어 센 불에서 끓인다.
3. When it boils, reduce the heat to low and season with soy sauce or salt if necessary. Cook for another 20 more minutes.	물이 끓으면 불을 약하게 줄이고 국간장과 소금으로 간을 한다. 20분간 더 끓인다.

삼계탕(*samgyetang*)

1 whole chicken	닭 1마리
1 liter water	물 1리터
3 stalks small green onion	실파 3개(30g)
salt and ground black pepper tt	소금·후춧가루 적당량씩
Stuffing	**속재료**
300g glutinous rice	찹쌀 300g
1 fresh ginseng root	수삼 1뿌리
3 cloves garlic	마늘 3쪽
3 chestnuts	밤 3개
3 dried jujubes	건대추 3개

1. Wash the chicken under cold running water. Cut and remove any excess fat.

닭을 흐르는 물로 깨끗이 씻는다.
붙어 있는 기름기를 떼어낸다.

2. Wash the glutinous rice and soak in cold water for 30 minutes. Drain until the rice is dry.

찹쌀은 깨끗이 씻어 물에 30분 동안 불린 뒤 망에 건져서 물기를 쫙 뺀다.

3. Peel the ginseng roots and the garlic cloves.

수삼과 마늘은 껍질을 벗긴다.

4. Peel the chestnuts. Wash the jujubes.

밤은 껍질을 까고 대추는 씻어 놓는다.

5. Stuff each chicken with the glutinous rice, ginseng root, garlic cloves and chestnuts. Truss the chicken legs to prevent the stuffing from spilling out.

닭마다 뱃속에 불린 찹쌀과 수삼, 마늘, 밤, 대추를 넣는다.
두 다리를 모아 속재료가 쏟아지지 않게 실로 묶는다.

6. Chop the green onions.

실파는 송송 썬다.

1. In a large pot, add the stuffed chicken and water. Cover with a lid and bring to a boil over high heat.

속재료를 넣은 닭을 냄비에 넣고 물을 붓는다.
뚜껑을 덮고, 센불에서 끓인다.

2. When it boils, reduce the heat to low and simmer for 1 hour, skimming off any impurities.

펄펄 끓으면 불을 약하게 줄여서 불순물을 걷고 1시간 동안 끓인다.

3. Place the chicken into a large bowl with soup. Serve with the chopped green onions, salt and black pepper on the side.

큰 대접이나 작은 냄비에 한 마리씩 담아 국물을 붓는다.
송송 썬 파와 소금, 후춧가루를 함께 낸다.

순두부찌개(*sundubu-jjigae*)

200g soft tofu(*dubu*)	순두부 200g
50g ground pork	다진 돼지고기 50g
50g oyster mushrooms	느타리버섯 50g
2 cups water	물 2컵
1 tablespoon vegetable oil	식용유 1큰술
pinch of salt	소금 약간
1 egg	계란 1개
Spicy seasoning	**양념장**
1 tablespoon *gochut-garu*(red chili pepper powder)	고춧가루 1큰술
1 tablespoon sesame oil	참기름 1큰술
1 tablespoon minced green onion	다진 파 1큰술
1 teaspoon minced garlic	다진 마늘 1작은술
1 tablespoon soy sauce for soup	국간장 1큰술

1. Drain the soft tofu(*dubu*) in a colander and break into large pieces.	순두부는 체에 쏟아 물기를 빼 두었다가 큰 덩어리로 부순다.
2. Combine spicy seasoning ingredients and mix well.	재료를 섞어서 양념장을 만든다.
3. Shred the oyster mushrooms into thin strips.	느타리버섯은 잘게 찢는다.

1. Heat a medium pot over medium heat and add the vegetable oil. Stir-fry the ground pork and add spicy seasoning.	뜨겁게 달군 냄비에 식용유를 두르고, 다진 돼지고기에 양념장을 넣어 볶는다.
2. When the pork is cooked, pour in water and bring to a boil. When it boils, add soft tofu and mushrooms. Reduce the heat to low and simmer for about 15 minutes. Season to taste.	돼지고기가 익으면, 물을 붓고 끓인다. 끓어오르면 순두부와 느타리버섯을 넣고 약한 불에서 15분쯤 끓인다. 소금으로 간을 맞춘다.
3. Add an egg into the boiling soup and remove from heat. Serve immediately.	끓는 찌개에 날달걀을 넣고 불을 끈 뒤 바로 서비스한다.

된장찌개(*doenjang-jjigae*)

INGREDIENTS	
100g beef chuck	소고기 국거리용 100g
200g medium firm tofu(*dubu*)	두부 ½모
100g potato	감자 100g
3 *pyogo*(shiitake) mushrooms	표고버섯 3개
½ onion	양파 ½개
2 green chili peppers	풋고추 2개
1 tablespoon minced green onion	다진 파 1큰술
1 tablespoon minced garlic	다진 마늘 1큰술
1 teaspoon *gochut-garu*(red chili pepper powder)	고춧가루 1작은술
4 tablespoons *doenjang*	된장 4큰술
400ml water	물 400ml

PREPARATION	
1. Slice the beef in chunks.	소고기는 큼직하게 썬다.
2. Cut the tofu, potato, mushrooms, onion and green chili peppers into large dice.	두부, 감자, 버섯, 양파, 풋고추는 크게 썬다.

COOKING DIRECTION	
1. Pour water into a medium saucepan and dissolve *doenjang*. Bring to a boil and simmer for 10 minutes.	냄비에 물 2½컵을 넣고 된장을 덩어리 없이 푼다. 10분 동안 약한 불에서 끓여 된장 국물을 만든다.
2. Add the beef into the soup, and bring to a boil. Skim off any impurities floating on the surface.	끓는 된장 국물에 소고기를 넣고 한소끔 끓인다. 표면에 뜨는 거품은 걷는다.
3. Add the potato and onion. Cook for about 10 minutes over low heat.	감자와 양파를 넣고 약한 불에서 10분간 끓인다.
4. Add the tofu, mushrooms, green chili peppers, green onion, garlic and *gochut-garu* and bring to a boil.	두부, 버섯, 풋고추와 다진 파, 다진 마늘, 고춧가루를 넣고 잠시 더 끓인다.

김치찌개(*kimchi-jjigae*)

INGREDIENTS

250g *baechu-kimchi*	배추김치 250g
150g pork belly or pork shoulder	돼지고기 삼겹살 부위 또는 목살 150g
100g medium firm tofu	두부 100g
1 stalk green onion	파 1대
3 tablespoons vegetable oil	식용유 3큰술
2 cups water	물 2컵
pinch of salt	소금 약간

PREPARATION

1. Prepare aged *baechu-kimchi* and cut into bite-size pieces.	배추김치는 잘 익은 것으로 준비하여 한입 크기로 썬다.
2. Slice the pork into thin strips.	돼지고기는 저며 썬다.
3. Cut the tofu into cubes.	두부는 주사위 모양으로 납작하게 썬다.
4. Slice the green onions diagonally.	파는 어슷썬다.

COOKING DIRECTION

1. Saute pork until it is browned in a large pot with vegetable oil. Add *kimchi* and stir-fry.	큰 냄비에 식용유를 두르고 돼지고기를 볶다가 김치를 넣고 볶는다.
2. Add water to the pot and simmer for 20 minutes over low heat. When the *kimchi* is tender, add the rest of the ingredients to the soup. Cook for 10 more minutes. Season to taste.	물을 붓고 약한 불로 줄여 20분간 끓인다. 김치가 부드러워지면 남은 재료를 넣고 10분간 끓인다. 소금으로 간을 맞춘다.

맥적(*mackjeok*)

200g pork shoulder	돼지고기 목살 200g
15g Chinese chives	부추 15g
3 cloves of garlic	마늘 3쪽
1 teaspoon skinned ginger	생강 껍질 벗긴 것 1작은술
3 tablespoons cooking oil	식용유 3큰술
Meat marinade	**고기 양념장**
2 tablespoons soybean paste	된장 2큰술
2 tablespoons water	물 2큰술
2 tablespoons soy sauce	간장 2큰술
1 tablespoon refined rice wine	청주 1큰술
1 tablespoon sugar	설탕 1큰술
1 tablespoon sesame oil	참기름 1큰술
½teaspoon toasted sesame seeds	깨소금 ½큰술

PREPARATION

1. Slice the pork to a thickness of 1cm and score.	돼지고기는 1cm 두께로 썰어 잔칼질을 한다.
2. Chop chives and mince the garlic and ginger.	부추를 송송 썬다. 마늘과 생강은 곱게 다진다.
3. Combine *doenjang*, *ganjang* and water. Add chopped vegetables.	된장에 간장과 물을 넣어 잘 섞고, 나머지 양념과 부추, 마늘을 넣는다.

COOKING DIRECTION

1. Marinate meat for an hour.	고기에 양념장을 넣고 주물러 1시간 정도 재운다.
2. Cook the pork on a pan or grill.	팬이나 석쇠에 기름을 두르고 돼지고기를 익힌다.
3. Cut into bite-sized pieces.	먹기 좋은 크기로 썬다.

돼지불고기(*dwaeji-bulgogi*)

INGREDIENTS	
250g pork	돼지고기 250g
1 onion	양파 1개
1 stalk green onion	파 1대
2 tablespoons vegetable oil	식용유 2큰술
Spicy marinade for pork	**매운 양념장**
2 tablespoons *gochu-jang*	고추장 2큰술
1 tablespoon *gochut-garu*	고춧가루 1큰술
1 tablespoon soy sauce	간장 1큰술
1 tablespoon sugar	설탕 1큰술
1 teaspoon minced green onion	다진 파 1작은술
1 tablespoon minced garlic	다진 마늘 1큰술
1 teaspoon ginger juice	생강즙 1작은술
1 tablespoon rice wine or mirin	청주 또는 미림 1큰술
pinch of ground black pepper	후춧가루 약간

PREPARATION	
1. Slice and cut the pork into bite size pieces.	돼지고기를 한입 크기로 썬다.
2. Julienne the onion lengthwise.	양파는 길이로 채 썬다.
3. Julienne green onion.	파는 어슷썬다.
4. Combine spicy marinade ingredients in a bowl.	매운 양념장을 그릇에 섞는다.
5. Marinate the pork for over an hour.	돼지고기를 양념장에 1시간 이상 재운다.

COOKING DIRECTION	
1. Heat the pan with oil over high heat. Stir-fry the sliced onion and set aside.	뜨겁게 달군 팬에 식용유 1큰술을 두르고 채 썬 양파를 살짝 볶는다.
2. Heat the pan with oil over medium heat and add the pork. When the pork is cooked thoroughly, add the stir-fried onion and toss.	다시 팬을 달구어 식용유 1큰술을 두르고 중간 불에서 양념한 돼지고기를 타지 않게 저어 가며 볶는다. 돼지고기가 완전히 익으면 볶아 놓은 양파를 넣어 섞는다.
3. Place the pork on a plate and garnish with the julienned green onions.	익은 돼지고기를 그릇에 담고 어슷썬 파를 올려서 낸다.

불고기(*bulgogi*)

INGREDIENTS	
250g beef sirloin	소고기 등심 250g
1 onion	양파 1개
3 *pyogo* (shiitake) mushrooms	표고버섯 3개
2 stalks small green onion	실파 2대
2 tablespoons vegetable oil	식용유 2큰술
Marinade for beef	**고기 양념장**
3 tablespoons soy sauce	간장 3큰술
1 tablespoon sugar	설탕 1큰술
2 tablespoons minced green onion	다진 파 2큰술
1/2 teaspoon minced garlic	다진 마늘 ½작은술
1 tablespoon sesame oil	참기름 1큰술
pinch of ground black pepper	후춧가루 조금
1 teaspoon toasted sesame seeds	볶은 깨 1작은술

PREPARATION	
1. Cut the beef into thin slices.	소고기는 얇게 썰어서 준비한다.
2. Cut onion lengthwise.	양파는 길이로 썬다.
3. Slice mushrooms.	버섯은 가늘게 채 썬다.
4. Julienne green onions.	파는 어슷썬다.
5. In a bowl, combine all the beef marinade ingredients. Add onion, green onions and mushrooms and mix well.	간장과 나머지 재료를 섞어서 고기 양념장을 만든다. 양파, 실파, 버섯을 넣고 섞는다.
6. Marinate beef for about 30 minutes.	손질한 소고기에 양념장을 넣고 주물러서 30분 동안 재워둔다.

COOKING DIRECTION	
Cook the meat on high heat with a little bit of vegetable oil.	팬에 식용유를 두르고 양념한 고기를 센 불에서 고루 볶는다.

잡채(*japchae*)

INGREDIENTS	
150g beef(top round)	소고기(우둔살) 150g
½ English cucumber	오이 ½개
½ onion	양파 ½개
⅓ carrot	당근 ⅓개
3 *pyogo*(shiitake) mushrooms	마른 표고버섯 3개
200g sweet potato noodles	당면 200g
1 egg	계란 1개
vegetable oil and salt as needed	소금·식용유 적당량씩
Brine for cucumber	**오이 절임 소금물**
1 tablespoon salt	소금 1작은술
100ml cup water	물 100ml
Marinade for beef	**고기 양념장**
2 tablespoons soy sauce	간장 2큰술
1 tablespoon sugar	설탕 1큰술
4 teaspoons minced green onion	다진 파 4작은술
2 teaspoons minced garlic	다진 마늘 2작은술
2 teaspoons toasted sesame seeds and crushed	깨소금 2작은술
1 teaspoon sesame oil	참기름 1작은술
pinch of ground black pepper	후춧가루 약간
Seasoning for noodles	**당면 양념**
1 tablespoon soy sauce	간장 1큰술
1 tablespoon sugar	설탕 1큰술
1 tablespoon sesame oil	참기름 1큰술

PREPARATION	
1. In a small bowl, mix all the ingredients of marinade for beef. Julienne the beef, along the grain. Marinate the beef for 20 minutes.	소고기는 가늘게 채 썰어서 고기 양념장 재료와 함께 주물러 20분간 재운다.
2. Cut the cucumber crosswise into 4cm long pieces, then cut them in half lengthwise. Remove the seeds. Cut the cucumber into 0.3cm thick strips and marinate in brine for 10 minutes. Squeeze out the excess moisture.	오이는 4cm 길이로 토막 낸 다음 반 갈라 씨 부분을 제거한다. 1*0.3cm 크기로 납작하게 채 썰어 소금물에 10분간 절인 후 물기를 제거한다.
3. Julienne the onion.	양파는 길이로 채 썬다.
4. Remove the stems of *pyogo* mushrooms and julienne them finely.	표고버섯은 물에 불린 뒤 기둥을 떼고 가늘게 채 썬다.

(계속)

5. Cut the carrot into 4cm long pieces, then cut into 1*0.3cm strips.

6. Soak the sweet potato noodles in lukewarm water for 20 minutes.

7. Separate egg yolks and egg whites into two bowls and beat well with a pinch of salt(See: How to make *jidan* garnishes p.53).

당근은 4cm 길이로 토막 내어 1*0.3cm 크기로 납작하게 채 썬다.

마른 당면은 미지근한 물에 담가 20분 정도 불린다.

계란은 노른자와 흰자로 나누어 각각 소금을 약간 넣고 푼다.

1. Pan-fry the yolks and whites separately on a lightly greased skillet over low heat into very thin sheets like crepes. Cut into 4*1cm strips.

2. Heat the oil in skillet and stir-fry separately in order: the onion, *pyogo* mushrooms and carrot, with a pinch of salt over high heat.

3. Heat a little oil in skillet and stir-fry the marinated beef strips quickly, stirring to prevent them from sticking together.

4. Pour 4 cups of water into a medium pot and bring to a boil. Add the soaked sweet potato noodles and cook for 5 minutes. Turn off the heat and drain the noodles in a colander. Heat the oil in a skillet and stir-fry cooked noodles with the soy sauce seasoning for 5 minutes.

5. In a large bowl, put all the cooked vegetables, beef, noodles and toss to combine. Place them on a serving plate and garnish with fried egg pieces.

계란 노른자와 흰자는 각각 황백지단으로 얇게 부쳐 4*0.3cm 크기로 채 썬다.

뜨겁게 달군 팬에 식용유를 두르고, 절인 오이, 양파, 표고버섯, 당근을 순서대로 볶는다.
센 불에서 소금 간을 약간씩 하면서 각각 재빨리 볶는다.

팬에 식용유를 조금 두르고 양념한 소고기를 서로 붙지 않게 저으며 재빨리 볶는다.

냄비에 물 4컵을 붓고 중간 불에 끓인다. 불린 당면을 넣고 5분간 삶아 건진 뒤 물기를 뺀다.
팬에 식용유를 두르고 삶은 당면과 당면 양념을 넣어 5분간 볶는다.

큰 그릇에 볶아 놓은 채소, 고기, 당면을 한데 넣고 잘 섞어 접시에 담고 채 썬 지단을 올린다.

떡볶이(*tteok-bokki*)

INGREDIENTS	
200g cylinder shaped(*tteok-bokki*) rice cake sticks	떡볶이 떡 200g
50g sheet fish cake	사각형 어묵 50g
300ml cup water	물 300ml
Gochu-jang sauce	**고추장 소스**
3 tablespoons *gochu-jang*	고추장 3큰술
1 teaspoon soy sauce	간장 1작은술
1 tablespoon sugar	설탕 1큰술

PREPARATION	
1. Rinse the *tteok-bokki* rice cakes and drain.	떡볶이 떡은 물에 씻어 헹군다.
2. Cut the fish cakes into strips and blanch the fishcake strips.	어묵은 길게 썰고 한 번 뜨거운 물에 데친다.

COOKING DIRECTION	
1. Combine *gochu-jang* sauce ingredients. In a saucepan, add water and *gochu-jang* sauce.	팬에 물을 넣고 양념장을 넣어 잘 푼다.
2. Bring the sauce to a boil over medium heat and cook the rice cakes. Stir occasionally with a wooden spoon.	중불에 팬을 올려 양념물이 끓으면 떡을 넣고 눌어붙지 않게 나무주걱으로 젓는다.
3. Add fishcakes and continue cooking until sauce thickens.	어묵을 넣고 양념장이 걸쭉해질 때까지 끓인다.

계란말이(*gyeran-mari*)

4 eggs	계란 4개
½ stalks small green onion	실파 1/2대
20g chopped carrots	당근 다진 것 20g
½ tablespoon salt	소금 ½작은술
vegetable oil as needed	식용유 약간

PREPARATION

1. Beat the eggs.	달걀을 푼다.
2. Chop small green onion and carrots.	실파와 당근은 깨끗이 손질해서 곱게 다진다.

COOKING DIRECTION

1. Combine eggs, green onion and carrots in a bowl. Season with salt and mix well.	계란을 곱게 푼 뒤 다진 파와 당근을 넣고 소금으로 간을 맞춘다.
2. Heat a rectangular skillet over medium-low heat and add the vegetable oil. Pour the egg mixture into the skillet. When the eggs are half-cooked, use a spatula or chopsticks to lift and fold toward the center. Repeat the process with the remaining egg mixture until you have rolled up the entire egg mixture.	직사각형 팬을 중약불로 달구어 식용유로 코팅한다. 계란 반죽을 부어 반쯤 익으면 뒤집개나 젓가락을 이용해 만다. 반복해서 남은 계란 반죽을 부어서 위와 같은 방법으로 계속 만다.
3. Once it is cooked, cool it down on a plate. Shape it into a rectangle using a bamboo mat.	익힌 계란말이를 접시에 담아 식힌다. 김발로 사각 모양을 잡는다.
4. Cut the omelet into bite-size pieces.	먹기 좋은 크기로 썰어서 그릇에 담는다.

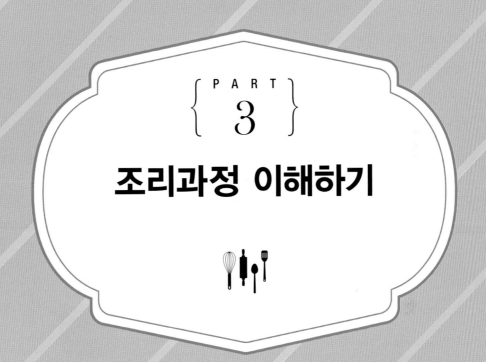

PART
3

조리과정 이해하기

01

한식 만들기의 첫걸음
[재료 손질하기]

PREPARTION

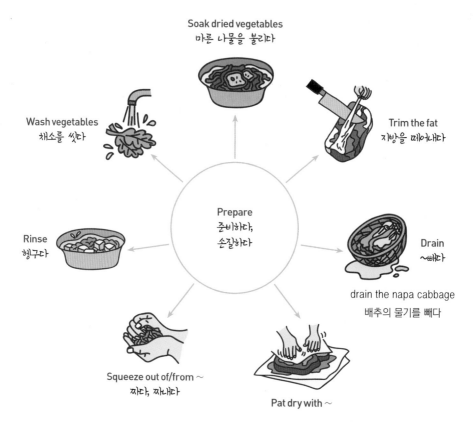

Soak dried vegetables
마른 나물을 불리다

Wash vegetables
채소를 씻다

Trim the fat
지방을 떼어내다

Prepare
준비하다,
손질하다

Rinse
헹구다

Drain
~빼다

drain the napa cabbage
배추의 물기를 빼다

Squeeze out of/from ~
짜다, 짜내다

Pat dry with ~

prepare 준비하다 rinse 헹구다 wash 씻다 squeeze out 짜다 drain 빼다 soak 담그다, 우려내다 trim 다듬다, 손질하다

씻고 헹구기

요리의 기본은 식재료의 안전을 위해서 깨끗하게 씻는 것이겠죠? '씻다'는 wash, rinse, clean 등의 동사로 표현할 수 있습니다. Wash and rinse 는 씻고 헹군다는 뜻이죠. 그렇다면 나물을 깨끗하게 씻다는 어떻게 표현할까요? Wash vegetables clean 이라고 하면 됩니다. Vegetables 채소 대신 식재료 명을 넣으면 다양하게 활용할 수 있지요. Wash sth thoroughly 또한 깨끗하게 씻다로 해석할 수 있습니다. Thoroughly 는 부사로 완전히, 철두철미하게 라는 뜻이므로 채소를 철두철미하게 씻는다는 것은 다시 말해 깨끗하게 씻는다고 할 수 있겠죠?

Wash
- Wash vegetables   채소를 씻다
- Wash vegetables under running water   채소를 흐르는 물에 씻다

Rinse
- Rinse the blanched vegetables with ice cold water 데친 채소를 얼음물에 헹구다
- Wash / Rinse sth clean 깨끗하게 씻는다/헹군다
- Wash / Rinse (sth) thoroughly 깨끗하게 씻는다/헹군다

불리고 물기 빼기

한식에서는 물에 불려서 사용하는 식재료가 많이 있습니다. 밥을 하기 위해 쌀을 불리고, shiitake(*pyogo*) mushroom 마른 표고버섯, dried vegetable 말린 나물 등은 물에 불려서 손질하고, 갈비찜이나 탕을 만들려면 우선 고기의 핏물을 빼기 위해 물에 담가 둡니다.

Soak 은 (액체 속에 푹) '담그다, 흠뻑 적시다'라는 의미를 가지고 있어 한식 레시피에 자주 등장하는 '물에 불리다, 물에 담가 핏물을 빼다' 등을 영어로 표현할 때 유용하게 사용할 수 있는 동사입니다.

Soak: 불리다

- **Soak** dried vegetables.

  마른 나물을 불리다.

- **Soak** dried vegetables **overnight**.

  마른 나물을 하룻밤 동안 물에 담가두다.

- **Soak** short ribs in cold water to draw out blood.

  찬물에 갈비를 담가 핏물을 **빼다**.

한식에서는 호박전, 생선전과 같이 밀가루와 달걀물을 씌워서 지지는 전 또는 너비아니 같은 고기 요리를 할 때 불필요한 물기나 핏물을 닦아 냅니다. 이때 종이 타월이나 면보를 주로 사용하지요. '물기를 닦다, 핏물을 닦다'는 **pat** 동사를 사용해서 쉽게 표현할 수 있습니다. **pat** 은 '톡톡 가볍게 치다, 토닥거리다, 가볍게 두드려 ~하게 하다, 쓰다듬다'는 의미를 가지고 있어 '가볍게 두드려 핏물(물기)을 닦다'는 의미로 생각하면 됩니다. 이러한 점에서 **drain** 이나 **squeeze** 와 의미상 차이를 나타냅니다.

Pat something dry with ~: 닦다

- **Pat** meat **dry with** a paper towel.

  종이 타월로 고기의 핏물(물기)을 닦다.

- **Pat** the zucchini slices **dry with** a cotton towel.

  면보로 저며 썬 호박의 물기를 닦다.

물에 불리거나 데친 나물, 만두소에 넣을 두부 등에 수분이 많으면 어떻게 될까요? 나물은 질척하고, 만두는 만두피가 터져 버리게 됩니다. 그래서 물기를 꼭 짜야하는데요. 이때 **squeeze** 동사를 사용하면 됩니다. **Squeeze** 는 (무언가에서 액체를)짜내다, 특히 (손가락으로 꼭) 짜다는 의미를 갖고 있습니다.

The (excess) water 에서 **excess** 는 필요 정도 이상을 초과한 수분을 짠다는 의미로 사용할 수 있습니다.

Squeeze (sth) out of/from~: 짜다

● **Squeeze** the (excess) water **out of** soaked vegetables.

불린 나물의 물기를 꼭 짜내다.

Squeeze out (sth) with

● **Squeeze out** the water **with** your hands.

손으로 물기를 꼭 짜다.

위에서 **squeeze** 가 힘을 가해 물(액체)을 짜내는 의미가 있다면, **drain** 은 **strainer** 또는 **colander** 에 담긴 재료에서 자연스럽게 물(액체)을 빼내다, 빠지다는 의미로 의미상 차이가 있습니다. **Drain** 은 주로 채소를 물에 씻거나 헹군 다음의 과정으로 **wash, rinse** 와 함께 자주 사용됩니다.

Drain: 빼다

● **Drain** the napa cabbage.

배추의 물기를 빼다.

● **Drain** the noodles.

국수의 물기를 빼다.

Drain the water

한편 **drain** 은 (액체를) 따라 내다, 흘러나가다 라는 의미도 있어 그릇에 담긴 물을 따라낼 때(버릴 때)도 **drain** 을 써서 표현합니다. 무언가를 불린 물이나 끓이거나 데친 물을 따라내서 버릴 때 '**drain the water**' 라고 하면 됩니다.

다듬고 손질하기

우리는 음식을 만들 때 재료를 '다듬다' 또는 '손질하다'라고 합니다. 영어로는 어떻게 표현할 까요? **Trim** 이라는 동사를 사용해서 표현할 수 있습니다. **Trim** 은 주로 필요 없는 부분을 떼어내고, 잘라내어 다듬을 때 쓰는 동사입니다.

Trim: 다듬다, 손질하다

- **Trim** the roots of the bean sprouts.
  콩나물 뿌리를 떼어내다.
- **Trim** the roots of the spring onion.
  파뿌리를 잘라내다.

Trim off ~: (불필요한 부분을) 잘라내다

- **Trim** any excess fat **off** the meat.
  고기의 과다한 지방을 잘라내다.
- **Trim off** the dorsal fin.
  등지느러미를 잘라내다.

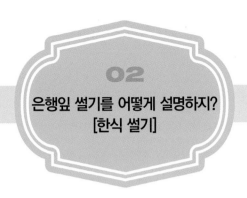

02

은행잎 썰기를 어떻게 설명하지?
[한식 썰기]

KNIFE SKILLS

Rectangular cutting
골패썰기, 직사각형 썰기

Slice
얄팍썰기

Half-moon shape cutting
반달썰기

Julienne
채썰기

Rotation cut
돌려깎기

**Diagonal cut
Bias-cutting
Cut diagonally**
어슷썰기

**Ginkgo leaf-shape
cutting**
은행잎썰기

Batonnet
막대썰기

**Lozenge cut,
diamond cut**
마름모썰기

Chiffonade
말아서 얇게
실처럼 썰기

Dice
깍둑썰기

Rough dice
마구썰기

Round cut
둥글게 원형 썰기

한식썰기

얄팍썰기는 **slice** 슬라이스라고 합니다. 재료를 원하는 길이로 토막 낸 후 얇게 써는 방법으로 무침이나 볶음에 주로 사용합니다.

● 채썰기는 **julienne** 줄리엔이라고 하는데 얄팍썰기 한 것을 비스듬히 포개어 놓고 가늘게 썬 것으로 채소를 썰 때 사용합니다.

● 한식의 어슷썰기는 **cut diagonally** 컷 다이애고널리입니다. 오이, 당근, 파와 같이 가늘고 길쭉한 재료를 적당한 두께의 사선으로 써는 방법으로 다양한 요리에 사용됩니다. 한식에서는 **green onion** 파를 많이 어슷썰기 하는데 **cut the green onion diagonally** 라는 문장은 '파를 어슷하게 썰어라'라는 뜻으로 이해하면 됩니다.

● 마름모썰기는 **diamond cut** 다이아몬드 컷이라고 하며, 고명으로 올릴 때 사용합니다.

● 막대썰기는 서양썰기의 **batonnet** 바토넷에 가장 가까우며, 재료를 원하는 길이로 토막 낸 후 굵은 막대기 모양으로 써는 방법으로 오이나 무 등에 사용합니다.

● 깍둑썰기는 **large dice** 라지 다이스라고 하며 무, 감자 등을 막대썰기 한 후 다시 주사위 모양으로 썬 것을 가리킵니다.

● 둥글게 썰기(통썰기)는 **round cut** 라운드 컷이라고 하며 모양이 둥근 오이, 당근, 호박 등을 통째로 원형 모양을 유지하며 써는 방법입니다.

● 반달썰기는 **half-moon shape cut** 하프문 쉐이프 컷이라고 하며 호박을 길이로 반 자른 후 썰어 반달 모양을 만드는 방법입니다.

● 돌려깎기는 **rotation cut** 로테이션 컷이라고 부르는데 서양에는 없는 방법으로 오이의 껍질 부분을 사용하기 위해 칼을 넣어 둥근모양을 따라 껍질을 얇게 깎아내는 방법입니다.

● 은행잎썰기는 **ginkgo-leaf shape cutting** 긴코리프 쉐이프 커팅이라 발음하고 재료를 길게 십자로 4등분 한 뒤 은행잎 모양으로 썬 것입니다. 조림이나 찌개에 주로 사용합니다.

● 마구썰기는 **rough dice** 러프 다이스라고 하고 오이나 당근을 한 손으로 잡고 돌려가며 한 입 크기로 각지게 써는 방법으로 조림이나 찜용 채소에 쓰입니다.

03
요리의 고수도 칼질부터
[칼 다루기]

CUTTING

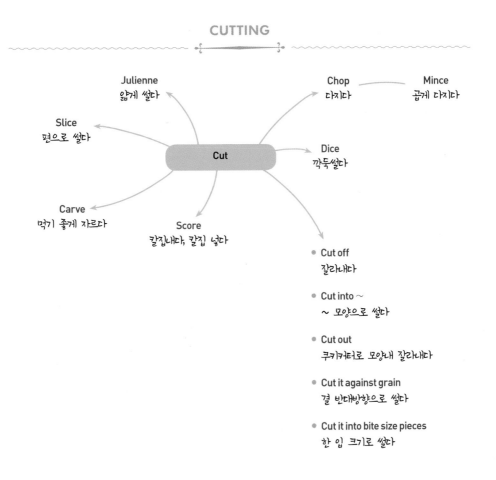

Julienne
얇게 썰다

Chop
다지다

Mince
곱게 다지다

Slice
편으로 썰다

Cut

Dice
깍둑썰다

Carve
먹기 좋게 자르다

Score
칼집내다, 칼집 넣다

- Cut off
  잘라내다

- Cut into ~
  ~ 모양으로 썰다

- Cut out
  쿠키커터로 모양내 잘라내다

- Cut it against grain
  결 반대방향으로 썰다

- Cut it into bite size pieces
  한 입 크기로 썰다

썰기

칼은 knife 라고 하는데 요리에 사용되는 칼에는 여러 가지가 있습니다만 chef's knife 라고 불리는 칼은 다목적용으로 사용됩니다. 칼등은 back of knife 라고 하고 뾰족한 부분은 tip 이라고 합니다. 칼날은 blade, 손잡이는 handle 이라고 하고요.

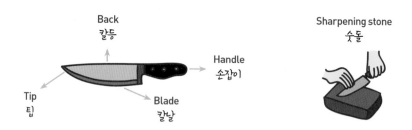

칼의 종류에도 여러 가지가 있는데 일반적으로 많이 사용하는 chef's knife 다목적용 나이프는, paring knife 과도, 생선전용은 fish knife, 중식용 칼은 cleaver, 빵칼은 bread knife 라고 부릅니다.

칼을 사용하기 위해서는 재료를 놓을 수 있는 cutting board 도마가 필요합니다. 무딘 칼을 갈기 위해서는 숫돌이 필요하고요. 숫돌은 칼의 날을 날카롭게 한다는 의미에서 sharpening stone 이라고 씁니다. 칼을 가는 것은 아니고 칼날이 휜 것을 바로 잡을 때 사용하는 봉은 honing steel 라고 부릅니다.

칼로 재료를 썬다는 cut 으로 통합니다. 좀 더 섬세한 표현을 위해서는 부사를 활용할 수도 있는데요. 대충 썰다는 roughly 라는 부사를 사용하고 거칠게 썰다는 coarsely, 곱게는 finely 라고 붙이면 됩니다. 예를 들어 cut onion finely 하면 양파를 곱게 썰다가 되겠지요.

써는 동작의 정교함과 관련된 표현

roughly	coarsely	finely
대충	거칠게	곱게

vertically	수직적으로
diagonally	대각선으로
horizontally	수평적으로
crosswise	폭으로, 단면으로
cut cucumber crosswise	오이를 둥글게 썰다
lengthwise	길이로
slice the carrot lengthwise	당근을 길이로 썰다

써는 재료의 두께와 방향에 관련된 표현

thinly	얇게
thickly	두껍게
vertically	수직적으로
diagonally	대각선으로
horizontally	수평적으로
crosswise	폭으로, 단면으로
lengthwise	길이로

Cut the carrot lengthwise
당근을 세로로 써시오.
Slice the carrot into the desired thickness
당근을 원하는 두께로 써시오.

Lengthwise 길이로 → Crosswise 폭으로

음식을 놓는 방식 표현

Up은 위로 down은 아래로 라는 뜻이 있습니다. 이것을 음식에 적용하면 ~한 면이 위로 또는 아래로 가도록이라고 표현하는데 사용할 수 있습니다.

~가 위로 가도록

- Meat side up 살코기가 위로 가게
- Presentation side up 접시 위에 놓이는 면이 위로 가도록(예쁜 면이 위로 가게)

~가 아래로 가도록

- Fat side down지방이 아래로 가게
- Seam side down 이음새 부분이 아래로 가도록
- Place fish, skin side down. 생선 껍질이 아래로 가도록 놓으세요.

~쪽을 향하게

- Facing + direction : ~쪽을 향하게
- Facing down 아래쪽으로
- Facing away 멀리
- Flat side facing in 편평한 면이 나를 보는 쪽으로
- Fat side facing out 편평한 면이 나와 반대쪽으로

  Always drop the batter into the fryer facing away from you so that hot oil doesn't splash.

  튀김기름에 반죽을 넣을 때는 항상 너 자신으로부터 먼 쪽에 반죽을 놓아야 튀지 않아.

뒤집어진 경우 표현

inside and out	안팎 모두
outside in	바깥쪽이 안으로 가게
upside down	위아래가 뒤집어진
downside up	아래로 가야 할 것이 위로 간
frontside back	앞뒤가 바뀐
season the chicken liberally inside and out with salt	치킨 안팎에 넉넉히 소금을 뿌려라
season them with salt on both sides	양면에 소금을 뿌려라

04
더하고 넣고 붓기

PUT, POUR, ADD

Put
넣다

Pour
붓다

Add
기름을 두르다

술을 붓다, 소스를 붓다, 육수를 붓다, 우유를 '붓다'는 이 모든 문장의 공통어인 '붓다'는 영어로, **pour** 라고 표현할 수 있습니다. Pour 는 액체로 된 것을 용기나 통에 담을 때 사용합니다.

- Pour wine 와인을 따르다, 붓다.
- Pour sauce 소스를 붓다.
- Pour a cup of water 물을 한 컵 붓다.

put 넣다

'~넣다'는 **put** 이 가장 광범위하게 사용됩니다. 잘 모를 때는 **put** 을 사용하세요.

- Put in egg 달걀을 넣다.
- Put in potato 감자를 넣다.
- Put in green onion 파를 넣다.
- Put some onion to the pot 냄비에 양파를 넣다.

add 추가하다, 넣다

Add는 ~을 넣거나 기본재료 외에 추가로 넣는다라고 할 때 사용하는데 동사로 레시피에 가장 빈번하게 등장하는 것이 **add** 입니다.

- Add oil to the pan 팬에 기름을 두르다

위의 예문은 '팬에 기름을 넣다' 이지만 '팬에 기름을 두르다'가 더 자연스러운 해석입니다. 그리고 **add** 에 항상 따라다니는 전치사는 **to** 입니다. 함께 기억해두면 쉽겠죠?

아래의 예문에 등장하는 밑줄친 부분은 왼쪽의 단어로 교체해서 다양하게 표현할 수 있습니다. 만약 팬에 넣다라고 표현하고 싶다면 문장 끝에 **in a pan** 을 덧붙이면 간단히 해결됩니다.

Sunflower oil
Grapeseed oil
Vegetable oil
Bacon

Put some <u>butter</u> to the pan

Carrot
Mirepoix
Celery
Potato
Sliced onion
Cracked pepper

Add some <u>chopped onions</u> in a pan

Add some <u>rinsed spinach</u>

Peppers
Julienned leeks
Swiss chard
Broccoli

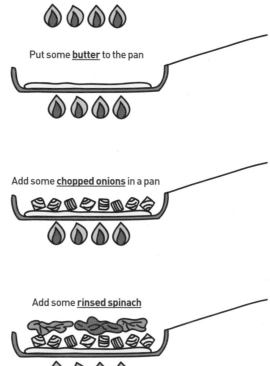

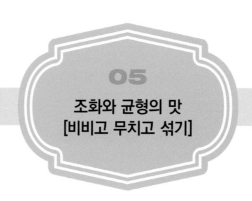

05

조화와 균형의 맛
[비비고 무치고 섞기]

MIX & COMBINE

Combine
하나가 되게 섞다,
수제비 반죽을 합치다

Mix
재료를 한곳에 섞다

Mix namul with soy sauce
나물을 무치다

Blend
혼합하다, 갈다

Whisk in
휘젓다, 거품내다

Toss
채소를 살살 섞다

Fold in
부드럽게 섞다

Bibimbap 비빔밥은 나물을 각각 양념하고 무쳐서 밥과 함께 하나의 그릇에 담은 뒤 고추장을 넣고 한데 어우러지게 버무려서 먹는 음식입니다. 그러면 각각의 나물을 따로 먹을 때 느끼지 못하는 한 차원이 높은 맛을 경험하게 됩니다. 아마도 그건 **mix** 비비다라는 단어에서 오는 독특함이 아닐까 싶습니다. 각각의 나물 그대로도 맛이 있지만 서로 합쳐져서 다른 맛으로 시너지 효과를 내기 때문입니다. 그래서 한식은 따로 먹어도 같이 먹어도 맛있는 음식입니다.

재료를 한 곳에 섞다라고 할때는 **mix** 를 가장 많이 사용합니다. 밀가루에 물을 넣고 고루 하나 되게 섞어 수제비 반죽을 만들다라고 할 때는 **combine** 이 좀 더 적절합니다. 또한 겉절이나 샐러드를 만들 때 채소를 살살 버무리다, 섞는 **toss** 가 적절합니다.

Blend 는 한 곳에 넣고 싹 갈아서 형체가 없어져 하나로 될 때 사용할 수 있습니다. 예를 들어 셀러리와 사과를 넣고 야채주스를 만들거나 양송이 스프를 만들 때 액체와 함께 나머지 재료를 가는 경우는 **blend** 가 적합한 용어라 할 수 있습니다.

Whisk in 은 휘젓거나 거품기로 거품을 낼 때 사용하는 단어이고 **fold** 는 거품을 꺼뜨리지 않으면서 위아래 반죽이 고루 섞이도록 한다고 표현할 때 사용하는 단어고, 베이킹을 할 때 자주 등장하는 단어입니다.

Blend vs Mix

둘 다 혼합하다, 섞다의 의미로 사용되므로 쓰임새가 혼동될 수 있습니다. **Blend** 는 비슷한 것을 혼합하는 것으로 예를 들면 커피 블렌딩의 경우 커피빈의 종류가 서로 다른 것을 혼합하여 새로운 향이나 맛을 가진 커피를 만든다고 할 때 주로 사용합니다.

우리가 과일주스를 만들 때 사용하는 믹서는 영어로 **blender** 를 말합니다. 그렇다면 쌀을 갈아서 죽을 만들 경우에는 어떤 도구가 더 적합할까요? **Blender** 가 더 적합니다. 갈다는 **grind** 라는 단어가 있지만 **grind** 는 **millstone** 맷돌 같은 곳에 갈 때 더 어울리는 단어입니다.

Mix 의 경우 원래부터 성질이 다른 2개 이상의 물질을 약간은 강제적으로 섞어 하나의 물질로 만드는 의미로 칵테일을 예로 들 수 있습니다. 블렌딩을 주 목적으로 하는 도구를 블렌더 **blender**, 믹싱을 목적으로 하는 도구를 **mixer** 라고 부릅니다. 믹서는 베이킹 할 때 사용하는 도구 중 하나입니다.

06

한식의 뼈대 장문화
[장 담그기]

MAKE JANG(*GANJANG, DOENJANG*)

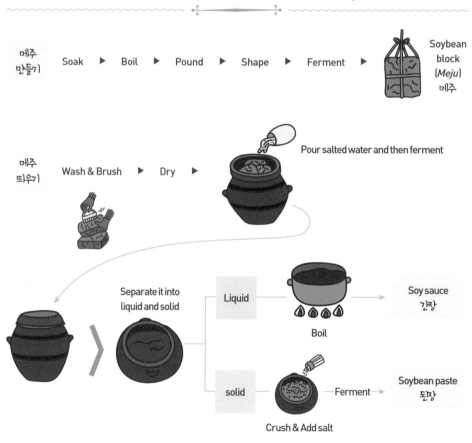

메주
만들기 　Soak ▶ Boil ▶ Pound ▶ Shape ▶ Ferment ▶ 　Soybean block (*Meju*) 메주

메주
띄우기 　Wash & Brush ▶ Dry ▶ 　Pour salted water and then ferment

Separate it into liquid and solid

Liquid → Soy sauce 간장　Boil

solid → Crush & Add salt → Ferment → Soybean paste 된장

soybean 콩(대두)　soak 담그다/불리다　boil 끓다/끓이다　pound 세게 치다/찧다　shape ~한 모양으로 만들다(빚다)　ferment 발효하다/발효시키다　soybean block/*meju* 메주　wash 씻다　brush 솔질하다　dry 말리다　divide into liquid and soild 국물과 건더기를 가른다　crush and add salt 으깨고 소금을 넣다　*doenjang*/soybean paste 된장　*ganjang*/soy sauce 간장

한국음식의 맛의 바탕과 근간이 되는 음식으로 장류가 있습니다. 대표 장류인 간장과 된장은 콩으로 메주를 빚어 이를 띄워서 소금물과 함께 발효시킨 것으로 자연과 시간이 만들어낸 과학의 산물이라고 할 수 있지요. 장맛이 충분히 우러나면 국물은 간장으로 쓰고, 건지는 소금 간을 하여 따로 항아리에 꼭 눌러 두고 된장으로 씁니다. 장은 음력 정월(1월)에 담근 장을 정월장이라고 하여 가장 맛있다고 합니다. 전통방식으로 담근 장은 집집마다 장맛이 다른데 이는 메주의 발효 정도와 소금의 양, 메주와 소금물의 비율 그리고 숙성 중의 관리 등 여러 요소가 복합적으로 작용하기 때문입니다.

쌈장, 고추장

Ssam-jang 쌈장은 된장을 주재료로 약간의 **red chili pepper paste** 고추장과 **sesame** 깨, **sesame oil** 참기름, 양파, 마늘, 파 등 갖은 **seasoning** 양념을 넣고 섞어서 만듭니다. 보통 쌈을 먹을 때 쌈장을 넣어 먹습니다. 이외에 개인의 기호에 따라 해산물을 넣기도 하며 재료의 비율이 조금씩 달라지기도 하지요.

고추장은 매우면서도 단맛이 나는 조미료입니다. 고추장은 물, **rice syrup** 조청, **red chili powder** 고춧가루, **sweet rice powder** 찹쌀가루로 만든 죽, 소금을 넣고 잘 섞고, 메주가루를 넣고 섞습니다. **Fermented soybean powder** 메주가루 입니다. 이렇게 만든 고추장은 한 달 정도 두었다가 먹으면 됩니다.

장을 담는 용기는 보통 항아리를 이용하는데요. 항아리는 **crock pot/earthenware pot** 으로 보이지 않은 많은 구멍이 있음에도 액체는 빠져 나오지 않는 숨 쉬는 그릇입니다.

장 담그는 과정
메주 만들기

장 담그기의 기본은 메주를 만들어 잘 띄우는 겁니다. 메주는 **fermented soybean block** 이라고 합니다. **Ferment** 는 발효하다, 발효시키다는 의미로 메주를 '띄우다', 김치를 '익히다', 젓갈을 '삭히다' 등을 영어로 표현할 때 사용할 수 있습니다.

먼저 콩을 불려 푹 무르도록 삶아야 합니다. 이때 부사 thoroughly 를 써서 boil the soybeans thoroughly 로 표현합니다. 메주를 발효시키려면 microbe 미생물이 필요합니다. 우리 전통장은 특히 Bacillus sp. 고초균이라는 미생물이 필요하죠. 고초균은 rice straw 볏짚 등에 존재하기 때문에 볏짚으로 묶거나 볏짚을 깔고 메주를 발효시킵니다.

그럼 메주를 만드는 과정을 순서에 따라 상상해보세요.

- **Step1:** 콩을 물에 담가 충분히 불린다.

  Soak soybeans until they've absorbed enough water.
- **Step2:** 콩을 푹 삶는다.

  Boil the soybeans thoroughly.
- **Step3:** 삶은 콩을 절구에 찧는다.

  Pound the boiled soybeans in a mortar.
- **Step4:** 정육면체 모양으로 빚어 말린다.

  Shape into rectangular blocks and dry.
- **Step5:** 마른 볏짚을 깐다.

  Place onto a layer of dried rice straw.
- **Step6:** 따뜻한 온돌에서 메주를 띄운다.

  Ferment soybean blocks(*meju*) on the heated *ondol* floors.

장 담그기

메주를 잘 띄웠다면 이제 장을 담가 보도록 하겠습니다. 장을 만들 때는 무엇보다 salinity 염도가 중요합니다. 물에 소금을 녹여 dissolve salt in water 염도를 18~20Bé(보메) 정도로 만듭니다. 장 담그는 계절의 온도에 따라 염도의 정도는 달라지겠죠?

- **Step1:** 잘 띄운 메주를 솔로 썻는다.

  Brush the fermented soybean blocks and wash in a cold water.
- **Step2:** 햇볕에 말린다.

Dry in the sunlight.

- **Step3:** 발효가 될 때까지 메주를 소금물에 담근다.

    Soak the soybean block(*meju*) in brine until well fermented, 2 to 3 months.

- **Step4:** 국물과 건더기를 가른다.

    Divide it into liquid and paste.

- **Step5:** 간장을 졸인다.

    Boil the liquid down to soy sauce.

- **Step6:** 굵은 소금을 넣고, 손으로 건더기를 으깬다.

    Add coarse sea salt and mash the paste up with hands.

- **Step7:** 간장과 된장을 발효시킨다.

    Ferment soy sauce and soybean paste.

정리해봅시다

		동사	영어패턴
장	콩을 잘 불린다.	soak	Soak soybeans
	콩을 삶다.	boil	Boil the soybeans thoughly
	콩을 찧다.	pound	Pound the boiled soybeans in a mortar
	메주를 빚다.	shape	Shape into a block
	메주를 소금물에 담근다.	soak	Soak the soybean blocks(*meju*)
	국물과 건더기를 가른다.	divide	Divide it into liquid and paste
	간장을 졸인다.	boil	Boil the liquid down to soy sauce
	건더기에 소금을 추가하고, 덩어리를 으깬다.	add, mash	Add coarse sea salt and mash the paste up with hands
	간장과 된장을 발효시킨다.	ferment	Ferment soy sauce and soybean paste

07
한국인의 나물사랑
[나물 무치기]

MAKE SEASONED VEGETABLES

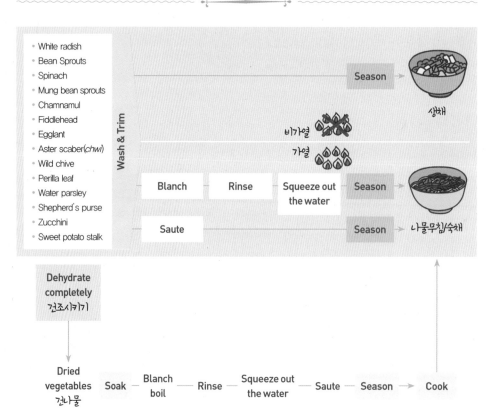

namul 나물 fresh vegetable 신선채소 dried vegetable 말린 나물 season 양념하다 blanch 데치다 salad 샐러드
(생채) seasoned vegetables 나물 무침(숙채) soak 불리다 boil 끓이다 saute(기름에)재빨리 볶다 water parsley
미나리 wild chive 달래 perilla leaf 깻잎 shepherd's purse 냉이 white radish 무 bean sprouts 콩나물 spinach
시금치 mung bean sprouts 숙주나물 fiddlehead ferns 고사리 zucchini 호박 sweet potato stalk 고구마 줄기
chamnamul 참나물 aster scaber(*chwi*) 취나물 dehydrate completely 바싹 말리다 wash and trim 씻고 다듬다

나물은 식용으로 먹을 수 있는 채소, 산채, 허브 등을 말하기도 하며, 이러한 나물을 데쳐서 양념하여 만든 음식을 숙채, 데치지 않고 바로 무쳐먹는 것을 생채라고 합니다. 나물은 한국 전통 밥상에서 빠지지 않는 대표 반찬입니다. 봄의 기운을 받고 자란 봄나물을 최고로 치며, 조리법은 비교적 간단하지만 채소의 종류가 다양하고, 양념에 따라 다양한 맛을 즐길 수 있습니다. 고사리, 도라지처럼 볶아서 익히는 나물과 시금치, 콩나물, 쑥갓 등 데쳐서 무치는 나물이 있습니다.

채소는 **leaves** 잎사귀, **stem** 줄기, **root** 뿌리로 이루어져 있습니다. 뿌리를 먹는 도라지 등을 제외하고 우리가 나물로 먹는 부분은 주로 잎사귀와 줄기 부분을 가리킵니다

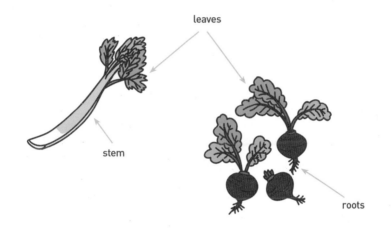

숙채와 생채

나물을 양념하여 무친 반찬을 나물무침이라고 합니다. 나물무침은 익히는지 아닌지에 따라 **seasoned vegetables** 숙채와 **salad** 로 구분할 수 있습니다. 숙채로 밥상에 자주 오르는 채소에는 **bean sprout** 콩나물, **spinach** 시금치, **balloon flower root** 도라지, **mung bean sprouts** 숙주(나물), **fiddlehead ferns** 고사리, **crown daisy** 쑥갓 등이 있고, **balloon flower root** 도라지, **cucumber** 오이, **white radish** 무 등은 주로 생채로 활용합니다.

Shepherd's purse 냉이와 **wild chive** 달래, **aster scaber(**_chwi_**)** 취나물 등은 특히 봄에 입맛을 돋우는 나물로 사랑받고 있습니다. 보통 나물은 **vegetables, fiddlehead ferns,** _chamnamul_ 참나물과 같이 야생에서 채취하는 **wild mountain vegetables** 산나물

류와, 향이나 약성이 있는 herb 가 있습니다. 나물무침에 주로 사용하는 허브는 water parsley(Korean watercress) 미나리, crown daisy 쑥갓, wild chive 달래, shepherd's purse 냉이, perilla leaf(wild sesame leaf) 깻잎 등이 있습니다.

그러나 이러한 채소나 야채가 서양에는 없는 경우가 많은데 특히 깻잎의 경우는 wild sesame leave 라고 설명하거나 mint family 라고 설명하는 것이 상대방이 알아듣기 쉽습니다.

제철나물과 말린 나물

나물은 seasonal vegetables 제철나물과 dried vegetables 말린 나물이 있습니다. 나물의 상태에 따라 cooking method 조리법 또한 다르겠지요? 나물은 주로 봄에 나며 제철인 봄이 가장 맛있습니다. 그러나 요즘은 사시사철 신선한 채소를 즐길 수 있죠. 제철나물 seasonal vegetables 을 이용한 seasoned vegetables 숙채는 한국에서 특히 발달한 조리법입니다. 대개 다른 나라에서는 salad 로 먹지요.

Dried vegetables 건나물은 겨울철에 나물을 먹기 위해 햇볕에 말려 저장한 것으로 soak 물에 푹 담가 불리는 과정이 필요합니다. 독특한 식감이 별미로 나물을 맛있게 즐기는 방법 중 하나이지요.

특히 정월대보름 the first full moon of the new lunar year 에는 cooked five-grain rice 오곡밥과 함께 말린 나물을 side dish 반찬으로 만들어 먹는 풍습이 있습니다.

한편 하나의 접시에 **white, green and brown color** 의 나물을 담아내는 것을 **three colored** *namul* 삼색나물이라고 합니다. 삼색나물은 주로 **ballon flower roots** 도라지, **spinach** 시금치, **fiddlehead ferns** 고사리로 만들고 **ancestrial rites** 제사상에 빠지지 않고 올리는 나물이기도 합니다.

나물 다듬을 때는 Trim

나물은 무치기 전에 우선 깨끗이 다듬어야겠죠? '다듬다' 또는 '손질하다'를 영어로는 **trim** 이라는 동사를 사용해서 표현할 수 있습니다. **Trim** 은 주로 필요 없는 부분을 떼어내고, 잘라낼 때 쓰는 동사입니다.

Trim + 목적어 : 다듬다, 손질하다

- Trim the roots of the bean sprouts
- Trim the roots of the spring onion

나물을 데치기

Seasoned vegetables 숙채를 만들려면 나물을 데쳐야 합니다. '데치다'는 **blanch** 라고 하고, 나물을 데치기 위해서는 **bring water to a boil** 물을 펄펄 끓여야 하겠죠? 나물을 데치는 시간은 종류에 따라 다르기 때문에 데치는 시간에 주의하세요. 채소를 데칠 때는 소금을 넣어주어야 하는데요. 엄지와 검지로 꼬집듯이 집는 약간의 소금을 **a pinch of salt** 라고 합니다.

예문: This step locks in a vegetable's bright color and instantly stops the cooking process.

채소를 기절시키다라는 의미의 **shocking vegetables** 은 데친 채소의 질감이나 색이 더 이상 변하지 않도록 얼음물에 넣는 과정에서의 채소의 상태를 나타내는 단어입니다. 그래서 채소를 얼음물에 넣어 식히는 것은 아주 중요한 과정이라고 할 수 있습니다.

Pour water into a pot	▸	Bring to a rolling boil	▸	Add a pinch of salt and vegetables and blanch	▸	Stir the vegetables	▸	Place vegetables in ice cold water	▸	Drain the vegetables

Shocking vegetables (나물 데치기)

나물 무치는 과정

우리는 "나물을 무치다, 나물을 볶다"라고 표현합니다. 영어로 표현하려면 어떤 동사가 적합할까요? Make 를 써서 make *namul* 이라고 표현하면 가장 쉽습니다. 좀 더 상세한 동사를 찾아보면 나물을 '무치다'는 '갖은 양념을 넣고 골고루 한데 뒤섞다'는 의미로 동사 mix 를 쓰거나 '양념을 넣고 뒤적거리다/뒤섞다'라는 의미로 toss 동사를 사용할 수도 있습니다. 양념하다는 season 로 볶다는 stir-fry 를 사용하면 간단하게 해결이 됩니다.

실제로 나물 반찬을 만들기 위해서는 우선 ingredient 를 prepare(prep) 해야겠죠? 채소를 다듬는 것을 'trim vegetables' 이라고 합니다. Wash, cut 등도 재료 준비 단계에 흔히 사용하는 동사이지요.

생채는 이렇게 준비한 채소에 갖은 양념을 넣고 mix 버무리면 끝입니다. 아주 쉽죠? 생채를 미리 양념하면 재료에서 물이 빠져나오기 때문에 상에 올리기 전에 양념하는 것이 좋고, 상큼한 맛을 위해 vinegar 를 넣기도 합니다.

시금치나물무침

그럼 가장 흔한 나물반찬으로 시금치나물무침을 만들어 보겠습니다. 시금치나물무침의 조리과정을 한 번 머릿속에 그려보세요.

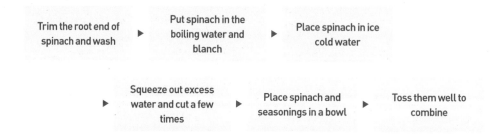

Trim the root end of spinach and wash	▸	Put spinach in the boiling water and blanch	▸	Place spinach in ice cold water

▸	Squeeze out excess water and cut a few times	▸	Place spinach and seasonings in a bowl	▸	Toss them well to combine

- **Step1:** 시금치 뿌리를 다듬고 씻는다. Trim the root end of spinach and wash.
- **Step2:** 끓는 물에 시금치를 넣고 데친다.

    Put spinach in the boiling water and blanch.
- **Step3:** 얼음물에 시금치를 넣는다. Place spinach in ice cold water.
- **Step4:** 시금치를 꼭 짜서 먹기 좋게 자른다.

    Squeeze out excess water and cut into bite size pieces.
- **Step5:** 그릇에 시금치와 양념을 넣는다.

    Place spinach in a bowl and season it with *yangnyeom*.
- **Step6:** 양념이 잘 배도록 고루 섞는다. Toss them well to combine.

고사리나물

고사리나물은 대부분 데쳐서 말려 두었다가 불려서 조리해 먹는 대표 나물입니다. 조리를 위해서는 먼저 물에 넣어 충분히 불려야 합니다. 불리다는 **soak** 으로 불린 나물은 다시 한 번 삶아야 합니다. 이때 말린 나물처럼 오래 삶은 경우에는 **blanch** 대신에 **boil** 을 사용합니다.

삶은 나물 **blanched vegetables** 은 센 불 **high heat** 에 기름을 넣고 재빨리 볶아줍니다. 이러한 조리방법을 **saute** 라고 하지요. 볶은 나물은 다시 갖은 양념을 넣고 양념합니다. 영어 동사로 **season** 으로 표현할 수 있습니다. 또는 먼저 양념해 두었다가 나중에 볶기도 합니다.

그리고 양념이 충분히 배이고 나물이 부드러워지도록 다시 한 번 볶는 과정이 필요합니다. 이때 '볶다'의 영어식 표현은 **stir-fry** 입니다. 우리는 '볶다'라고 한마디로 표현하지만 영어 표현으로는 기름의 양이나 불의 세기 등에 따라 구분해서 표현합니다.

대표적인 **dried vegetables** 로 고사리나물을 만들어 보려고 하는데요. 만드는 과정을 순서에 따라 상상해보세요.

Soak dried *gosari* and wash	▶	Boil *gosari* until soft in boiling water	▶	Rinse and squeeze out water

		Season *gosari* and saute	▶	Cook *gosari* until softened

- **Step1:** 고사리를 물에 담가 불린 후 헹군다. Soak dried *gosari* in water and wash.
- **Step2:** 소금을 약간 넣고 부드러워질 때까지 끓는 물에 삶는다.

  Add a pinch of salt in boiling water, boil *gosari* until soft.
- **Step3:** 삶은 고사리는 물에 헹구고 손으로 물기를 꼭 짠다.

  Rinse them and squeeze out the water with your hands.
- **Step4:** 삶은 고사리와 간장, 다진 파, 마늘을 넣고 고루 버무린다.

  Place boiled *gosari*, *ganjang*, chopped green onion, minced garlic in a bowl and mix them well.
- **Step4-1:** 센 불에 팬을 달궈 참기름을 약간 두르고 볶는다.

  Heat the pan over high heat and add a drizzle of sesame oil, then saute gosari.
- **Step5:** 물을 넣고 약한 불로 낮추어 부드러워질 때까지 익힌다.

  Add a little water, reduce heat to low and cook *gosari* until softened.
- **Step6:** 깨소금, 후춧가루, 참기름을 넣고 볶는다.

  Add ground sesame seeds, black pepper and sesame oil and stir-fry.

맛깔나는 표현

나물은 조물조물 **toss** 무쳐야 양념이 잘 배겠지요? 그래서 한국 음식은 손맛이라고 하나 봅니다.

정리해봅시다

		동사	영어패턴
나물	나물을 씻다.	rinse, wash	rinse vegetables wash vegetables
	끓는 물에 나물을 넣다.	place	place vegetables into boiling water
	나물을 데치다/삶다.	blanch, boil	blanch vegetables boil vegetables
	양념장을 만들다.	make	make seasoning sauce
	나물을 양념하다.	season	season vegetables toss vegetables
	양념에 버무리다/무치다.	mix, toss	mix(toss) vegetables and seasoning
	나물을 볶다.	saute, stir-fry	saute vegetables stir-fry vegetables

관련 메뉴

		영어표기	영어표현
나물	콩나물무침	*Kong-namul muchim*	seasoned bean sprout *namul*
	시금치나물무침	*Sigeumchi-namul muchim*	seasoned spinach *namul*
	쑥갓나물무침	*Ssukgat-namul muchim*	seasoned crown daisy *namul*
	고사리나물	*Gosari-namul*	seasoned fiddlehead ferns *namul*
	도라지나물	*Doraji-namul*	seasoned balloon flower root *namul*

요리상식

생채와 샐러드

생채는 생 채소에 양념을 해서 바로 먹는 것으로 여러 가지 생 채소에 소스를 얹어서 먹는 **서양의 샐러드와 비슷하다고 할 수 있습니다.**
생채의 양념에는 주로 식초가 기본으로 들어가고 기름을 적게 쓰는 것이 특징입니다. 생 채소를 양념한 것으로 미리 무쳐 놓으면 물이 많이 생겨 맛과 모양이 나빠지므로 먹기 직전에 무치는 것이 좋습니다.

고사리? 먹을 수 있는 건가요?
산나물은 기른 나물에 비해 억세고 쌉쌀해 대부분 데치거나 삶아 쓴맛을 우려낸 다음 무쳐야 합니다. 특히 서양에서는 고사리를 독이 있는 풀로 분류합니다. 하지만 우리 조상들은 끓는 물에 삶거나 우려낸 다음 다시 볶아서 나물을 만들기 때문에 별 문제 없이 고사리를 오랜 시간 즐겨 먹을 수 있었습니다.

08

발효의 미학
[김치 담그기]

HOW TO MAKE *KIMCHI*

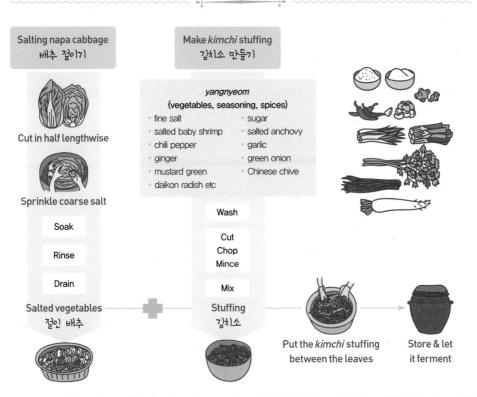

Salting napa cabbage
배추 절이기

Cut in half lengthwise

Sprinkle coarse salt

Soak

Rinse

Drain

Salted vegetables
절인 배추

Make *kimchi* stuffing
김치소 만들기

yangnyeom
(vegetables, seasoning, spices)
- fine salt
- salted baby shrimp
- chili pepper
- ginger
- mustard green
- daikon radish etc
- sugar
- salted anchovy
- garlic
- green onion
- Chinese chive

Wash

Cut
Chop
Mince

Mix

Stuffing
김치소

Put the *kimchi* stuffing
between the leaves

Store & let
it ferment

seasonings 양념 stuffing 소(속) *kimchi* stuffing ingredient 김치소(속) 재료 cut 썰다 chop 잘게 썰다 mince 다지다 seafood 해산물 vegetables and spices 채소와 향신료 oyster 굴 salted baby shrimp 새우젓 salted anchovy 멸치젓 fine salt 고운 소금 sugar 설탕 chili pepper 고추 garlic 마늘 ginger 생강 green onion 실파 water parsley 미나리 Chinese chive 부추 radish 무 salted vegetables 설인 재소 drain (물기를) 빼다 wash and rinse 씻고 헹구다 sprinkle 뿌리다 coarse salt 굵은 소금 mix seasoning and vegetable well 양념과 채소를 잘 섞다 put the *kimchi* stuffing between the leaves 배춧잎 사이에 김치소를 넣는다 cut in half lengthwise 배추를 반으로 자르다 store and let it ferment 김치를 저장하고 익히다(발효시키다) make *kimchi* 김치를 담그다

김치는 한국의 대표적인 발효음식으로 밥, 국과 함께 한식 밥상에 빠져서는 안 되는 기본 반찬입니다. 배추, 무, 오이 등의 채소를 소금에 절여 파, 마늘, 고춧가루, 젓갈 등을 넣고 버무려서 만든 음식으로, 지역과 김치 재료의 종류와 특성 및 담그는 방법의 차이에 따라 300여 종 이상의 김치가 있습니다. 이 중 배추김치와 깍두기는 배추와 무를 주재료로 하는 대표 김치라고 할 수 있지요. 또한 최근에는 토마토, 아스파라거스 등 서양에서 들어온 채소를 이용한 김치도 다양하게 소개되고 있습니다.

김치는 1,500년 이상의 역사를 가지고 있으며, 채소를 소금에 절인 형태에서 다양한 부재료와 고춧가루를 사용하게 되면서 현재의 김치가 만들어졌어요. 그리고 김장은 김치를 담그고 나누는 문화로 한국인들이 춥고 긴 겨울을 나기 위해 가족과 동네 사람들이 모여 많은 양의 김치를 담그는 것을 말하죠.

우리 조상들은 김치를 항아리에 담아 땅에 묻어 두었으나 현재는 *kimchi* refrigerators 김치냉장고가 있어 김치 발효에 최적의 조건에서 김치를 보관할 수 있게 되었습니다.

김치 양념

보통 김치라고 하면 **napa cabbages** 배추를 주재료로 사용한 *baechu kimchi* 배추김치를 말합니다. **Korean radish** 무를 **cube** 모양으로 썰어 만든 김치를 **radish** *kimchi* 깍두기라고하고 곰탕이나 설렁탕을 먹을 때 가장 잘 어울리는 김치입니다.

그럼 한국 김치는 매운 김치만 있을까요? 아닙니다. 원래 김치는 **red chili powder**가 들어가지 않는 *baek-kimchi*(white *kimchi*) 백김치 형태였습니다. 부드러운 맛의 **A mild taste of** *baek-kimchi* 백김치는 어린이는 물론 외국인도 부담 없이 즐길 수 있습니다.

또한 water *kimchi* 물김치라는 것도 있습니다. 나박김치, 동치미가 대표적이고, 한국의 디저트인 떡이나 군고구마, 감자 등과 잘 어울립니다. **Water** *kimchi* 물김치의 *kimchi* **liquid** 김치 국물은 국수나 냉면의 **broth** 로도 사용할 수 있어요.

김치는 주재료인 배추는 소금에 절여야 합니다. '절이다'는 **salt** 나 **pickle** 로 표현됩니다. 그래서 김치를 **salted/pickled vegetables** 이라고 합니다. 특히 배추김치는 절이는 과정이 매우 중요합니다.

그리고 배추 외에 **radish** 무, **green onion** 파, **water parsley** 미나리, **Chinese chive** 부추, **garlic** 마늘, **ginger** 생강, **salted baby shrimp** 새우젓, **salted anchovy** 멸치젓 등은 **coarse chop** 다지고 **oyster** 굴, **salt** 소금, **sugar** 설탕, **chili pepper powder** 고춧가루 등을 섞어 양념을 만듭니다.

그리고 나서 절인배추와 양념을 버무려서 **ferment** 익혀 발효시키면 맛있는 김치가 됩니다.

김치 담그는 과정

보통 김치는 '담그다'라고 합니다. 그럼 영어로 '담그다'는 어떻게 표현해야 할까요? 영어로는 'make' 라고 하면 됩니다. 알고 나니 굉장히 간단하죠?

배추김치를 절일 때 **main ingredient** 주재료인 **napa cabbages** 배추는 알갱이가 굵은 **coarse sea salt** 천일염을 사용하고 **salinity** 염도는 15% 정도가 좋습니다.

Outer leaves
겉잎

Cabbage hearts
배추속

배추 절이고 양념 만들기

김치 담그는 과정을 머릿속에 그려보세요. 우선 배추를 반으로 잘라서 절이고, 부재료로 쓰이는 무채와 파, 젓갈, 양념 등을 준비하여 **stuffing** 김치 소를 만듭니다.

- **Step1:** 배추를 세로로 길게 반으로 자른다. Cut the napa cabbage in half lengthwise.
- **Step2:** 배추 밑둥에 칼집을 넣는다. Make an 3 inch incision at the end.
- **Step3:** 굵은 소금을 뿌린다. Sprinkle with coarse sea salt.
- **Step4:** 배추를 절이고 헹군다. Soak cabbage and rinse.

- **Step5**: 배추의 물기를 뺀다. Drain the cabbage.
- **Step6**: 손질한 채소와 양념을 섞는다. Mix trimmed vegetables and seasoning well.

배추김치 만들기

절인 배추의 물기를 빼고 배춧잎 사이에 김치소를 넣으면 김치가 완성 됩니다. 각각의 과정에 필요한 영어 표현을 하나씩 살펴봅시다.

- **Step1**: 배추를 절인다. Salt the napa cabbage.
- **Step2**: 배추의 물기를 뺀다. Drain the napa cabbage.
- **Step3**: 김치소를 만든다. Make *Kimchi* stuffing.
- **Step4**: 배추 사이에 김치소를 넣는다. Put the *Kimchi* stuffing between the leaves.
- **Step5**: 김치를 그릇에 꼭 눌러 담는다.

  Pack the *Kimchi* into the crock(jar), pressing down on it.
- **Step6**: 김치를 익힌다. Ferment *Kimchi*.

정리해봅시다

		동사	영어패턴
	배추를 씻다.	wash	Wash napa cabbage
	배추를 자르다.	cut	Cut the napa cabbage in half lengthwise
김치	배추를 소금에 절이다.	sprinkle, soak	Sprinkle with coarse sea salt and soak
	배추 소를 만든다.	make	Make *kimchi* stuffing
	배추 소를 넣다.	put	Put the *kimchi* stuffing between the leaves
	항아리에 담다.	pack	Pack the *kimchi* into the crock(jar), pressing down on it

		영어표기	맛	영어표현
배추	배추김치	*baechu-kimchi*	spicy	napa cabbage *kimchi*
	백김치	*baek-kimchi*	mild	white *kimchi*
	보쌈김치	*bossam-kimchi*	mild	white wrapped *kimchi*
무	깍두기	*kkakdugi*	spicy	radish *kimchi*
	열무김치	*yeolmu-kimchi*	spicy	young summer radish *kimchi*
서양 식재료	토마토김치	tomato *kimchi*	spicy	tomato *kimchi*
	브로콜리김치	broccoli *kimchi*	spicy	broccoli water *kimchi*
	아스파라거스김치	asparagus *kimchi*	spicy	asparagus *kimchi*
	루콜라김치	rucola *kimchi*	spicy	rucola *kimchi*
계절김치	오이김치	*oi-so-bagi*	spicy	cucumber *kimchi*
	가지김치	*gaji-kimchi*	spicy	eggplant *kimchi*
	더덕김치	*deodeok-kimchi*	spicy	deodeok *kimchi*
물김치	나박김치	*nabak-kimchi*	spicy	water *kimchi*
	동치미	*dongchimi*	mild	radish water *kimchi*
	열무물김치	*yeolmu-kimchi*	spicy	young summer radish water *kimchi*

관련 메뉴

Spicy 는 chili powder 가 들어간 김치를 mild 는 chili powder 가 들어가지 않은 김치입니다. 그렇지만 water *kimchi* 의 경우 chili powder 의 양이 적게 들어가기 때문에 아주 맵지는 않습니다.

요리상식

겉절이(*geotjeori*)는 freshly seasoned *kimchi*라고 합니다.
겉절이는 상에 오르기 직전에 배추에 양념을 섞어서 샐러드처럼 먹을 수 있는 김치로, 익은 김치에 익숙하지 않은 외국인들도 쉽게 즐길 수 있습니다. 일반적인 김치와 달리 참기름과 깨소금을 넣은 것이 특징입니다.

일본의 절임음식 vs 한국의 김치
일본은 쯔케모노(tsukemono, 절임음식)라고 하여 채소를 소금, 쌀겨, 미소, 간장, 술지게미 등의 '쓰케도코(漬け床)'나 조미액에 절여 보존성을 높인 음식이라면, 한국의 김치는 채소와 단백질 성분이 포함된 젓갈, 굴 등을 넣어 함께 발효한다는 점에서 차이가 있습니다.

09

요리의 혁명
[불 다루기]

CONTROLLING FIRE

High heat
강불

Medium heat
중불

Low heat
약불

Heat the pan
팬을 불에 올리다
팬을 달구다

Heat the oil
기름을 달구다

Preheat the oven
예열하다

Put it over medium heat
중불에 올리다

Reduce heat to low
Lower the heat
불을 줄이다

Grill 구이	Bake 오븐에 익히기		Fry 튀기기	Stir fry 볶기	Saute 볶기
Without oil 건식조리			With oil 건식조리		

Fire 불은 요리에 혁명을 가져다 준 귀한 선물입니다. 불로 인해 음식의 맛도 좋아졌고 쉽게 소화될 수 있게 되었습니다. 흔히 중국음식을 불 맛이라고 합니다. 그만큼 불의 조절은 음식의 맛에 지대한 영향을 줍니다.

일반가정과 식당에서 가장 대중적으로 사용하는 가스레인지는 **gas stove** 라고 합니다. 열은 **heat** 라고 합니다. 우리는 불의 세기를 강불/중불/약불로 표현하기 때문에 영어에서도 강불이니까 **strong fire** 라고 표현할 것 같지만 외국인들은 불의 세기를 화염의 높이로 판단을 해서 강불은 화염이 가장 높기 때문에 **high** 를 사용합니다. 따라서 **high heat** 강불, **medium heat** 중불, **low heat** 약불이라고 합니다.

불을 사용하는 조리법은 기름을 사용하고, 사용하지 않는 조리법으로 나뉩니다. 직화처럼 기름을 사용하지 않는 건식조리에는 **grill** 과 오븐을 사용하는 **bake** 가 있고 기름과 함께 조리하는 **fry, stir-fry, pan-fry, saute** 와 같은 조리법이 있습니다.

- 불을 켜다는 **turn on the heat**, 불을 끄다는 **turn off the heat**
- 불을 높이다, 세게 하다는 **turn up the heat**, 불을 낮추다는 **reduce the heat**
- 가열하다는 **heat the pan**, 예열하다는 **preheat the oven**, 다시 데우다는 **reheat the sauce** 로 접두사를 달리하여 표현할 수 있습니다.

가열과 관련된 단어들

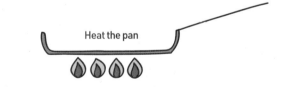

Pre	+	Heat	=	Preheat	Preheat the oven
		Heat	=	Heat	Heat the pan
Re	+	Heat	=	Reheat	Heat the pan
		meter	=	재는 도구	
thermo	+	meter	=	Thermometer	

접두사 pre

접두사 pre~ 는 명사, 동사, 형용사 앞에서 사용되며 in advance 사전에, before 먼저, in front of 앞에의 의미를 가집니다. Prepare 는 준비하다, preheat 은 (사전에 heat in advance) 예열하다, predict 는 예언하다 입니다.

한편 접두사 're' 는 ~ again 의 의미를 가지는데 reheat 다시 데우다, repeat 반복하다 가 여기에 해당됩니다.

Thermo 는 '열'이란 뜻을 가진 접두어로 흔히 thermometer 는 온도계를 가리키며 thermostat 은 자동온도 조절장치를 말합니다.

팬을 달구다: heat the pan

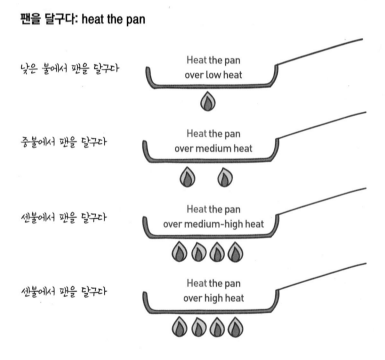

낮은 불에서 팬을 달구다 — Heat the pan over low heat

중불에서 팬을 달구다 — Heat the pan over medium heat

센불에서 팬을 달구다 — Heat the pan over medium-high heat

센불에서 팬을 달구다 — Heat the pan over high heat

팬을 달구다는 heat the pan 즉 팬에 열을 가하다인데 한국어로 해석하면 팬을 달구다 가 됩니다. 그러므로 팬을 낮은 불에서 달구게 된다면 heat the pan over low heat 라고 표현합니다. 여기서 전치사 over 를 사용하는 것은 fire flame 불꽃 위에 팬을 놓기 때문에 ~위에의 뜻을 가진 전치사 over 가 적당합니다.

중불에 팬을 달구다라고 한다면 over 뒤를 중불로 바꾸면 되는데 중불은 medium heat, 따라서 heat the pan over medium heat 입니다. 앞에 heat 은 동사, 뒤에 heat 은 명사로 쓰였습니다. 그렇다면 센불에 팬을 달구다는 heat the pan over high heat 이 되겠죠?

팬에 기름을 달구다

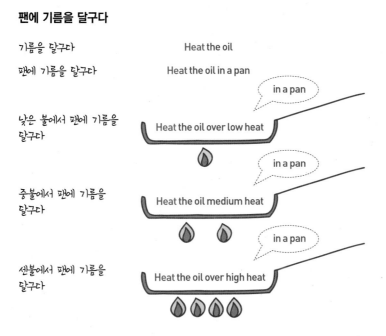

기름을 달구다   Heat the oil

팬에 기름을 달구다   Heat the oil in a pan

낮은 불에서 팬에 기름을 달구다   Heat the oil over low heat   in a pan

중불에서 팬에 기름을 달구다   Heat the oil medium heat   in a pan

센불에서 팬에 기름을 달구다   Heat the oil over high heat   in a pan

그렇다면 이번에는 문장을 좀 늘려볼까요? 팬에 기름을 달구다를 표현할 때 문장을 쉽게 나눠봅니다. 팬에 / 기름을 달구다 로 나눌 수 있는데 '팬에' 라는 문장은 영어로 in a pan 입니다. '기름을 달구다'는 heat the oil, 따라서 두 개를 합치면 heat the oil in a pan 이 됩니다. 그럼 이번에는 팬을 중불에 올려 기름을 넣고 달구다를 표현하고 싶다면 먼저 문장을 나눠 보세요. 팬에 / 기름을 넣고 달구다 / 중불에 올려 3문장으로 나눠본다면 팬에 in a pan / 기름 넣고 달구다 heat the oil / 중불에서 over medium heat.

자, 그러면 이제 모두 합치면, Heat the oil in a pan over medium heat 이 됩니다. 이해가 되나요? 여기서 강불로 바꾸면 over high heat 으로, 약불은 over low heat 으로 변경만 하면 된답니다. 정말 많이 등장하는 표현이니까 입에서 술술 나올 수 있도록 암기하면 좋겠습니다.

10

식은 죽 먹기?
[죽 끓이기]

MAKING PORRIDGE

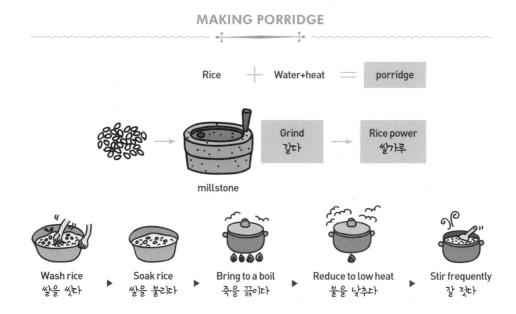

Rice + Water+heat = porridge

Grind
갈다 → Rice power
쌀가루

millstone

Wash rice
쌀을 씻다 ▶ Soak rice
쌀을 불리다 ▶ Bring to a boil
죽을 끓이다 ▶ Reduce to low heat
불을 낮추다 ▶ Stir frequently
잘 젓다

한국인이라면 누구나 감기나 병으로 아플 때 찾는 음식이 바로 죽입니다. 죽은 쌀을 끓여서 만드는 음식인데 쌀과 물의 비율이 대략 1 : 8~10 정도입니다. 영어로는 rice porridge 라고 하고, 동남아시아에서 먹는 타입은 congee 라고 표현합니다. 기본적인 쌀 죽을 plain rice porridge 라고 하며 한국의 죽은 모든 재료를 함께 넣고 끓이지만 동남아 시아에서는 흰죽을 끓여 고기나 생선, 양념, 고명을 더해서 먹습니다.

기본적으로 죽의 물양은 쌀보다 훨씬 많이 들어갑니다. 생쌀은 여러분도 알다시피 'rice' 입니다. 주로 죽에는 흰쌀을 사용합니다. 우리가 종종 사용하는 흑미는 black rice,

잡곡은 여러 개의 곡류가 섞였다는 의미에서 **mixed grains** 라고 표현하면 됩니다. 무엇보다 발음할 때 'lice' 가 되지 않도록 주의해주세요. 'Lice' 는 머릿속에 기생하는 '이'라는 벌레입니다.

아무것도 첨가되지 않는 흰죽을 한국식으로 생각하여 영어로 표기하면 **white rice porridge** 가 될 것 같지만 아무것도 들어가지 않았다는 의미를 영어에서는 **plain** (플레인)이라고 합니다. 다른 예를 들면 요거트에 아무런 향이나 과일이 들어가지 않은 것을 **plain yogurt** 라 하고 블루베리나 복숭아 등 향이 들어간 것은 **flavored yogurt** 라고 합니다. 여기서 **flavored** 는 향이 첨가된 이라는 뜻으로 사용됩니다. 알고 나니 훨씬 이해가 잘되죠?

죽끓이기 과정

우리는 '죽을 끓이다'라고 표현하는데 끓이다에 해당하는 영어표현에는 **boil** 이라는 단어가 있습니다. 그러나 영어동사 'cook' 이 좀 더 자연스러운 표현입니다. 그래서 밥하는 법 하면 **how to cook rice** 가 많이 사용됩니다. **boil** 의 경우 물을 끓인다 또는 달걀을 삶다라는 표현에 빈번하게 사용됩니다.

> **예문:** How to cook rice porridge or how to make congee.
> How to cook rice porridge perfectly.
> How to boil eggs.
> How to boil rice.

죽 만드는 과정을 머릿속에 그려보세요. 우선 쌀을 씻어서 **soak** 불리고 냄비에 물을 넣고 **boil** 끓으면 **reduce the heat** 불을 낮추고 천천히 **stir frequently** 주걱으로 저어가며 쌀알을 익힙니다. 쌀알이 퍼지면 불을 끄고 그릇에 담아 간장을 곁들여 냅니다. 그러면 이번에는 문장으로 한번 살펴보도록 하죠.

Wash rice
쌀을 씻다

Soak rice
쌀을 불리다

Bring to a boil
죽을 끓이다

Reduce to low heat
불을 낮추다

Stir frequently
잘 젓다

맛깔나는 표현

- 쌀알이 퍼지다. Rice grains swell and become tender during cooking.

- 밍밍하다. It tastes pretty bland.

- 간이 필요하다. Need more seasoning.

패턴으로 익히기

	조리법	동사	영어패턴
죽을 끓이다.	쌀을 씻다.	rinse, wash	rinse the rice wash the rice
	냄비에 쌀을 넣고 물을 붓다.	place, pour	place the rice in a pot pour water
	죽을 끓이다.	cook, boil	cook the rice boil the rice
	뚜껑을 (꽉) 덮다.	cover	cover a lid tightly
	이따금 젓다.	stir	stir from time to time stir occasionally
	푹 익히다.	cook	cook thoroughly
	주걱으로 뜨다.	spoon	spoon the porridge
	간장을 곁들이다.	serve with	serve with soy sauce

죽의 종류

종류	영어표현	표기
잣죽	pine nut porridge	*jatjuk*
흑임자죽	black sesame seed porridge	*heugimja-juk*
흰죽	plain porridge	*huinjuk*
녹두죽	mung bean porridge	*nokdu-juk*
전복죽	abalone porridge	*jeonbok-juk*
호박죽	pumpkin porridge	*hobak-juk*
단팥죽	sweetened red bean porridge	*danpat-juk*

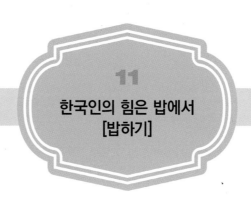

11
한국인의 힘은 밥에서
[밥하기]

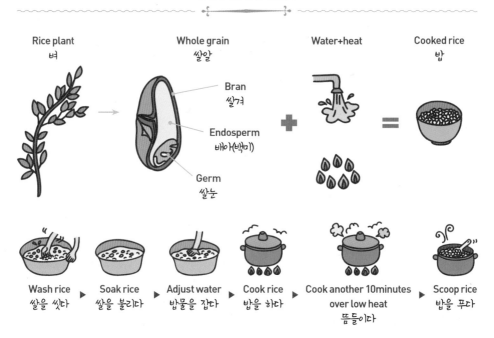

COOKING RICE

Rice plant 벼　　Whole grain 쌀알　　Water+heat　　Cooked rice 밥

Bran 쌀겨
Endosperm 배아(백미)
Germ 쌀눈

Wash rice 쌀을 씻다 → Soak rice 쌀을 불리다 → Adjust water 밥물을 잡다 → Cook rice 밥을 하다 → Cook another 10minutes over low heat 뜸들이다 → Scoop rice 밥을 푸다

[곡류(cereals)의 종류] barley 보리 corn 옥수수 wheat 밀 buckwheat 메밀 rye 호밀 millet 기장 multigrain 잡곡 oatmeal 귀리 quinoa 퀴노아

[쌀의 종류] short grain rice 한국인이 먹는 쌀 long grain rice 안락미 Arborio rice 리조또에 사용하는 쌀 basmati rice 인도에서 먹는 쌀

[콩류(bean)의 종류] soy bean 대두 black bean 검은콩 red bean 팥 mung bean 녹두 adlay 율무 kidney bean 강낭콩 chickpea 병아리콩 lentil 렌틸콩 fava bean 잠두콩

cooked rice 밥 undercooked rice 설익은 밥 burnt rice 탄 밥 scorched rice(Nurungi 누룽지) White rice 멥쌀 brown rice 현미 sweet rice 찹쌀

[밥하는 도구] pot 냄비 pressure cooker 압력밥솥 electric rice cooker 전기밥솥 stone pot 돌솥 heavy skillet pot 가마솥

[밥 먹을 때 도구] spoon 숟가락 chopstick 젓가락 rice bowl 밥그릇 soup bowl 국그릇 rice scoop 주걱

한국인 밥상의 기본구성은 밥, 국, 반찬입니다. 먼저 주에너지원이 되는 밥을 이야기해 보려고 합니다. 밥의 명칭은 주재료나 부재료에 따라 정해지고 부재료로는 잡곡, 콩류, 채소류가 사용됩니다. 주재료와 부재료가 모두 곡류인 경우에는 양념장을 곁들이지 않으나 곡류와 채소류가 함께 쓰이는 경우에는 양념장을 곁들여 먹습니다. 자, 그럼 먼저 밥에 대해 알아보겠습니다.

재료설명

여기서 곡류를 조금 공부하고 넘어가면 곡류는 cereal 이라고 표현하는데 알갱이(쌀알)를 얻기 위해 재배한 곡류를 말합니다. 알갱이는 grain 이라고 하고 germ 배아(쌀눈), endosperm 배유(주로 먹는 부분, 백미), bran 껍질(식이섬유가 많은 껍질)로 구성됩니다. 통곡물은 whole grain 이라고 하는데 rice 쌀, whole wheat 통밀, barley 보리, corn 옥수수, oatmeal 귀리와 같은 곡류가 대표적입니다.

기타 잡곡에는 요즘 슈퍼푸드로 각광받는 quinoa 퀴노아, millet (밀렛) 기장, sorghum (쏘올검) 수수, buckwheat (버크위트) 메밀이 있습니다. 밥은 주로 흰쌀(멥쌀), sweet rice 찹쌀, brown rice 현미, multigrain rice 잡곡을 많이 사용합니다. 흰쌀은 white rice 라고 하지만 일반적으로 rice 라고 하면 흰쌀을 말합니다.

쌀알의 크기를 보면 한국과 일본은 쌀알의 크기가 작고 중국과 동남아 쌀은 쌀알의 크기가 깁니다. 그래서 우리의 주식인 쌀은 short grain rice 라고 하고 안락미는 long grain rice 라고 합니다.

short grain rice

long grain rice

생쌀은 여러분도 알다시피 'rice' 입니다. 물을 넣고 열을 가하면 쌀밥이 되지요. 이때 밥은 cooked rice 라고 하면 됩니다. 'Cook' 이라는 단어는 '조리하다'의 뜻을 가지고 있지만 아래의 예와 같이 굉장히 넓은 범위로 사용할 수 있는 중요한 단어입니다.

Cook 조리하다 삶다 익히다	• Cook sauce 소스를 만들다 • Cook pasta 파스타를 삶다 • Cook noodle 국수를 삶다 • Cook potato 감자를 익히다 • Cook bean 콩을 삶다 • Cook bacon 베이컨을 조리하다

찹쌀은 sweet rice, glutinous rice 또는 찰기 때문에 sticky rice 라고 부릅니다. 외국인들은 찹쌀보다는 찰기가 덜한 안락미를 선호하지요. 현미는 brown rice 라고 하고 잡곡은 multigrain 이라고 합니다. 미국에서는 한국과 달리 밥을 따로 주문하는데 그 때 항상 white rice or brown rice 라고 선택하도록 물어봅니다.

생일에는 팥밥을 먹는데 팥은 영어로 red bean 이라고 합니다. 그래서 팥밥을 표현할 때는 cooked rice with red bean 이라고 설명하면 됩니다.

정월대보름에는 오곡밥을 먹습니다. 오곡은 five grains 이라고 합니다. 그럼 오곡밥은 어떻게 표현하면 좋을까요? Cooked rice with five grains 라고 하면 되겠네요. 그럼 오곡은 어떤 곡물이 포함될까요? Rice 쌀, hog millet 기장, Italian millet 조, barley 보리, bean 콩 등의 곡식을 섞은 것을 가리킵니다. 쌀밥이 귀할 때는 barley 보리로만 밥을 해서 먹기도 했는데요. 보리밥은 cooked barley 라고 합니다.

소풍갈 때 싸가는 김밥은 대표적인 picnic food 로 *gimbap* 이라고 표기합니다. 주로 사용하는 김은 간을 하지 않은 생김을 사용하는데 우리가 흰쌀밥과 함께 먹는 김은 seasoned laver 라고 하고 생김은 plain laver 라고 하면 됩니다. 물론 이때 사용하는 김은 살짝 구웠기 때문에 lightly toasted laver 라고 합니다.

밥을 지을 때 필요한 것은 쌀과 물입니다. 쌀은 앞서 이야기 한 것처럼 rice 이고요, 물은 수돗물인 경우 tap water 라고 합니다. 이왕에 물에 관련된 이야기가 나왔으니 다른 단어도 같이 공부해본다면 생수는 distilled water, 정수물은 still water, 광천수는 spring water, 탄산수는 sparkling water 입니다.

밥짓기 과정
멥쌀로 밥짓기 1

우리는 '밥을 짓다, 밥을 하다'라고 표현하지만 영어로 표현하려면 어떤 동사가 적합할까요? 직역을 하려고 하면 참 어렵습니다만 영어동사 'make 또는 cook' 을 사용하면 간단하게 해결됩니다.

밥 짓는 과정을 머릿속에 그려보세요.

Wash rice	Soak rice	Adjust water	Cook rice	Cook another 10minutes over low heat	Scoop rice
쌀을 씻다	쌀을 불리다	밥물을 잡다	밥을 하다	뜸들이다	밥을 푸다

우선 쌀을 씻어서 불리고, 밥물을 잡아 안친 뒤 끓이고 뜸을 들이면 밥이 완성됩니다. 쌀이 우리의 주식인 만큼 동사를 다양하게 사용하는 것을 알 수 있습니다. 각각의 단계를 하나씩 살펴보면,

- **Step1:** 쌀을 씻다. Rinse(헹구다) rice 또는 Wash rice.
- **Step2:** 쌀을 불리다. Let it soak.
- **Step3:** 밥물을 잡다. Measure the water.
- **Step4:** 밥을 하다. Cook rice.
- **Step5:** 뜸을 들이다. Cook rice over low heat for another 10~12 minutes.

안락미로 밥짓기

밥짓기는 보통 위의 과정을 따르지만 안락미와 같이 점성이 덜한 쌀은 우리가 하는 밥짓기와 조금 다릅니다. 우리는 압력밥솥이나 전기밥솥을 많이 사용하지만 서양이나 아시

아 국가들은 주로 냄비를 사용하여 밥을 짓습니다.

우선 냄비에 물을 끓이고 쌀을 계량하여 **boiling water** 끓는 물에 부은 뒤 **a wooden spoon** 나무주걱으로 한번 **stir** 저어주고 뚜껑을 덮습니다. 불을 낮추고 대략 20분정도 지나면 **turn off the heat** 불을 끄고 **cover with lid** 뚜껑을 덮고 5분정도 **cook it over low heat** 뜸을 들인 뒤 뚜껑을 열고 포크로 밥을 고슬고슬하게 긁습니다. 예문을 통해서 보면,

- **Step1**: 물을 끓이고 소금을 넣는다. Boil water and add salt.
- **Step2**: 쌀을 계량하고 붓는다. Measure rice and pour.
- **Step3**: 나무주걱으로 한 번 젓는다. Stir once with a wooden spoon.
- **Step4**: 뚜껑을 덮고 20분간 끓인다.

  Cover the pot with a lid and cook for about 20 minutes.
- **Step5**: 불을 끈다. And then turn off the heat.
- **Step6**: 5분간 뜸들인다. Allow the rice to absorb steam in a pot for 5 minutes.
- **Step7**: 포크로 쌀을 긁는다. Fluff rice with a fork.

관련 부사

밥 지을 때 주의할 점은 무엇일까요? 냄비밥의 경우 절대로 뚜껑을 열면 안 되겠지요? 그러면 설익은 밥이 된답니다.

예문: Do not open the pot during cooking. 조리 시 뚜껑을 열지 마시오.
Make sure the lid fits tightly on the pot. 뚜껑이 꼭 닫혔는지 확인하시오.
tightly 꽉 끼도록, firmly 꼭
cover the pot tightly with a lid. 뚜껑을 꽉 덮으세요.

맛깔나는 표현

부글부글 끓는다는 **rolling boil**, 밥이 떡지다 또는 질다를 표현할 때는 **mushy rice or sticky** rice 라고 하면 됩니다. 또 밥이 설익은 경우에는 덜 익었다는 의미로 undercooked rice, 물이 적어 된밥인 경우에는 dry rice, 밥이 타버린 경우는 burnt rice 라고 표현하면 상대방이 쉽게 이해할 수 있습니다.

밥짓는 도구

밥 짓는 도구에는 어떤 게 있나요? 쌀을 씻기 위해 바가지가 필요한데 바가지는 주로 플라스틱으로 만드는 경우가 많아 plastic bowl 이라고 표현하면 됩니다. 다음으로 냄비, 압력밥솥, 전기밥솥, 가마솥, 돌솥 등을 사용할 수 있습니다. 냄비는 pot 이라고 하고 pressure cooker 압력밥솥, electric cooker 전기밥솥, stone pot 돌솥, traditional heavy iron pot 가마솥이 있습니다.

밥그릇은 rice bowl, 밥을 풀 때는 rice scoop 밥주걱을 사용하는데, 스쿱은 동사로 '~ 푸다'라는 뜻을 가지고 있고 여기서는 명사로 사용되었습니다. 그래서 밥을 푸다라고 하면 scoop rice into a bowl 이라고 하면 됩니다.

밥을 먹을 때 필요한 도구는 숟가락과 젓가락이죠. Spoon 숟가락, chopstick 젓가락인데 한 손에 수저를 들다라고 표현하면 hold a spoon and chopsticks together in one hand 라고 하면 됩니다.

정리해봅시다

	조리 순서	동사	영어패턴
밥을 비비다.	쌀을 계량하다.	measure	Measure rice with a measuring cup
	쌀을 씻다./헹구다.	rinse, wash	Rinse rice, wash rice
	쌀을 불리다.	soak	Soak the rice in water
	밥물을 잡다.	adjust	Adjust the amount of water Measure the water
	밥을 하다.	cook rice	Cook rice in a pot Cook rice with a pressure cooker
	뜸들이다.	carryover cook	Cook rice over low heat for another 5 to 10minutes
	밥을 푸다.	scoop	Scoop rice with a rice scoop

재료에 따른 밥의 종류

주재료	부재료			한글명칭	영어패턴
쌀	곡류	흰쌀	white rice	쌀밥	Cooked rice
		현미	brown rice	현미밥	Cooked brown rice
		찹쌀	glutinous rice	찹쌀밥	Cooked glutinous sweet rice
		콩	soy bean	콩밥	Cooked rice with soy bean
		팥	red bean	팥밥	Cooked rice with red bean
		보리	barley	보리밥	Cooked barley
	채소	콩나물	bean sprouts	콩나물밥	Cooked rice with bean sprouts
		무	radish	무밥	Cooked rice with radish

관련 메뉴

	영어표기	영어설명
김밥	gimbap	Seasoned rice rolled in seaweed paper filled with various cooked vegetables
김치볶음밥	kimchi-bokkem-bap	Kimchi fried rice
누룽지	nurungji	Scorched rice
돌솥비빔밥	dolsot-bibimbap	Hot stone pot bibimbap
비빔밥	bibimbap	Mixed rice topped with various cooked vegetables
순대국밥	sundae-gukbap	Korean blood sausage broth with rice
쌈밥	ssambap	Leaf wraps with cooked rice Cooked rice wrapped with lettuce
잡곡밥	japgok-bap	Multigrain rice
콩나물밥	kong-namul-gukbap	Cooked rice with bean sprouts

요리상식

리조또, 빠에야

리조또는 이태리 북부지역을 대표하는 음식으로 쌀을 볶다가 뜨거운 육수를 천천히 부어가면서 익히는 조리법으로 부드러운 질감을 갖는 음식입니다.
빠에야는 빠에야 팬에 오일을 두르고 볶다가 쌀을 넣고 닭고기 또는 해산물을 넣어 낮은 불에 익히는 음식입니다.
외국의 음식이 궁금해 친구에게 리조또를 어떻게 만드는지 물어볼 때는 다음과 같이 표현할 수 있습니다. 윗사람인 경우는 can 대신 could를 사용하세요. 훨씬 공손하게 전달됩니다.

1. ~보여줄 수 있니?
   Can(could) you show me~

2. ~말로 설명해 줄 수 있니?
   Can(could) you tell me~

3. 만드는 방법
   How to + 동사 + 음식명

위의 표현 두 개를 합쳐서 **리조또는 어떻게 만드니?**
Can(could) you tell me how to make risotto?
Can(could) you show me how to make risotto?

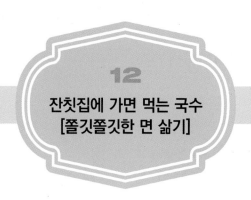

12

잔칫집에 가면 먹는 국수
[쫄깃쫄깃한 면 삶기]

COOKING NOODLES

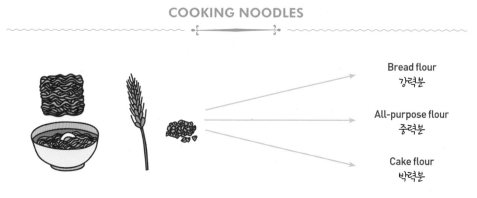

Bread flour
강력분

All-purpose flour
중력분

Cake flour
박력분

wheat 밀 buckwheat 메밀 wheat noodle 소면 buckwheat noodle 메밀국수 sweet potato noodle 냉면 pasta noodle 파스타면 ramen 라면

밀가루는 **flour** 라고 하고 밀가루 속 단백질 양에 따라 **all-purpose flour** 다목적용 밀가루, 케이크 만들 때 사용하는 **cake flour** 박력분, 빵을 만들 때 사용하는 **bread flour** 강력분으로 구분할 수 있습니다.

면을 주식으로 먹는 이탈리아 **pasta** 파스타의 경우 **dry pasta** 건면과 **fresh pasta** 생면으로 나뉘고 모양에 따라 다양한 이름을 가지고 있어요. 파스타도 밀가루를 사용하는데 특히 노란색을 띠는 **semolina flour** 세몰리나, **durum flour** 듀럼밀가루를 주원료로 사용합니다.

Noodle 국수의 상징적인 의미는 수명과 연관이 있습니다. 희고 긴 것이 특징인 면은 장수한다는 속설을 가지고 있어서 잔치나 결혼식에 꼭 등장하는 메뉴입니다.

한식에 사용되는 국수(*guksu*)는 재료에 따라 이름이 다른데 밀가루로 만든 소면과 칼국수, **buckwheat** 메밀로 만든 냉면, **sweet potato starch** 고구마 전분으로 만든 당면 등이 있고 면의 상태에 따라 **dry noodles** 건면과 **fresh noodles** 생면으로 나눌 수 있습니다.

냉면은 물냉면(*mul-naengmyeon*)과 비빔냉면(*bibim-nangmyeon*)으로 나눌 수 있고, 물냉면은 **buckwheat** 메밀로 만든 면을 차게 식힌 소고기육수나 동치미 국물에 말아서 먹는 음식으로 여름에 가장 인기가 많은 음식입니다. 잔치국수는 삶은 국수에 **anchovy broth** 멸치육수를 부어 김치를 곁들여 먹는 면요리로 결혼식, 생일, 환갑 등 **party food** 잔치음식으로 많은 손님을 접대하기 위한 음식입니다.

Garnish 고명으로는 삶은 계란, 무, 배 등을 올리고 식초와 겨자를 곁들여 취향에 따라 넣어 먹습니다.

면은 적절히 잘 삶아야 국물 또는 양념과 잘 어우러져 맛이 나기 때문에 면을 삶는 게 제일 중요합니다. 기본적으로 면의 종류와 크기에 따라 삶는 시간이 달라지는데 소면의 경우 속에 심지가 살짝 남아있을 때 건져냅니다. 이것을 이태리에서는 **al dente** 알덴테라고 표현합니다. 알덴테는 삶은 면을 치아에 물었을 때 속심이 살짝 씹히는 정도를 뜻합니다.

면을 삶다는 **cook noodles** 이라고 하고, 면을 삶기 위해서는 면이 잘 익을 수 있도록 큰 **pot** 냄비가 필요합니다. 면이 서로 붙지 않도록 **enough water for noodle to float** 충분한 물을 넣어야 쫄깃한 식감이 나는 면으로 삶을 수 있습니다. 또한 파스타의 **strain noodles** 물기를 빼야 파스타면에 소스가 잘 버무려집니다.

분류	한국어표기	영어설명
소면	*somyeon*	thin noodles
칼국수	*kalguksu*	thick noodles
냉면	*nangmyeon*	buckwheat noodles
당면	*dangmyeon*	glass noodles made with sweet potato
쌀국수	*ssalguksu*	rice noodles
스파게티	spaghetti	thin noodles
보우타이	farfalle	bow tie shape pasta
펜네	penne	pencil shape pasta
라쟈냐	lasagna	flat-shaped sheets pasta

면 삶기 과정

면을 삶는 과정을 한 번 머릿속으로 그려보세요. 큰 솥 또는 냄비에 물을 팔팔 끓입니다. 그런 다음 면을 넣고 젓가락으로 잘 저어 서로 붙지 않게 해주고 면이 수면으로 떠오르기 시작하면 몇 가닥 건져서 익었는지 확인합니다. 쫄깃하게 삶기 위해서는 찬물 한 컵을 휙 붓고 다시 끓어오르면 불을 끄고 체에 부어 물을 버립니다. 국수를 찬물로 헹군 뒤 사리를 만들고 체에 얹어 물기를 뺍니다.

Boil water
물을 끓이다

Add noodles at once
국수를 한번에 넣다

Stir the noodles
면을 젓다

Test the noodles for doneness
익었는지 확인한다

Drain the noodles
물기를 빼다

- **Step1:** 물을 끓인다. Boil water.
- **Step2:** 면을 넣는다. Add the noodles to the water.
- **Step3:** 젓가락으로 젓는다. Stir with a chopstick.
- **Step4:** 면이 익었는지 확인한다. Test the noodles for doneness.

- **Step5:** 물기를 뺀다. Drain the noodles.
- **Step6:** 필요에 따라 사리를 만든다. Portion the noodles.

다음은 소면과 파스타 삶기를 비교한 것입니다. 앞의 단계보다 좀 더 구체적으로 표현했습니다.

소면삶기

COOKING THE NOODLE	면삶기
Take a pot and fill with water.	냄비를 꺼내고 물을 채운다.
Salt the water and bring it to a rolling boil.	소금을 넣고 물을 펄펄 끓인다.
Add the noodles to the water.	면을 끓는 물에 넣는다.
Using a chopstick, gently stir the noodle from time to time to prevent it from sticking together.	젓가락을 이용해서 이따금 저어 서로 들러붙지 않도록 한다.
Taste a piece of noodles. It should be tender but still slightly chewy, with a thin white line at the core.	국수 한 가닥을 꺼내 씹었을 때 부드럽지만 가운데 심지가 살짝 씹히고 쫄깃해야한다.
Put a colander in the sink and slowly pour the noodles away from you into the colander.	체를 싱크에 놓고 천천히 면을 체에 쏟는다.
Rinse with cold water.	찬물에 헹군다.
Shake the colander and drain the noodles.	체를 흔들고 물기를 뺀다.

파스타삶기

COOKING DRIED PASTA	파스타 삶기
Salt the boiling water.	끓는 물에 소금을 넣는다.
Add the pasta to the water.	파스타를 물에 넣는다.
Stir the pasta using a spoon.	스푼으로 파스타를 저어준다.
Test the pasta for doneness.	파스타가 익었는지 확인한다.
Reserve some cooking water.	파스타 삶은 물을 조금 남겨둔다.
Drain the pasta. Shake the colander and the pasta should still be slightly moist.	물기를 뺀다. 체른 흔들되 파스타에 물기는 조금 남긴다.

잔치국수 만들기

MAKING JANCHI-GUKSU	잔치국수 만들기
In a large pot, add dried anchovies and cold water.	멸치와 물을 냄비에 넣고 끓인다.
Once it boils, reduce the heat and cook for 20 minutes.	끓으면 불을 낮추고 20분간 끓인다.
Remove dried anchovies and strain the broth through a chinois.	멸치를 건져내고 육수는 체에 거른다.
Julienne zucchini into strips and sprinkle salt. Squeeze out excess moisture and stir-fry in a pan with little bit of oil.	애호박은 채썰어 소금을 뿌려 절인다. 물기를 짜고 팬에 기름을 두르고 살짝 볶는다.
Julienne carrots into strips and stir-fry in a pan with little bit of oil. Season with salt.	당근은 채썰어 기름을 조금 두른 팬에 살짝 볶고 소금으로 간한다.
Separate egg whites and yolks and season with salt. Pan-fry the egg whites and yolks separately on a lightly greased pan over low heat into very thin sheets. Cut into thin strips.	계란은 흰자와 노른자를 나누어 소금을 넣고 지단을 부친다. 가늘게 채썬다.
Cook the noodles. In a pot with enough water, bring to a boil and add the noodles.	국수를 삶는다. 냄비에 물을 넉넉히 넣고 끓으면 국수를 넣는다.
Once it starts to boil, pour in a cup of cold water and stir with a chopstick.	끓기 시작하면 찬물 1컵을 넣고 국수를 저어준다.
Test the doneness and drain the noodles.	익었는지 확인하고 물기를 뺀다.
Rinse under cold running water. Twist the noodles to form a bird's nest shape and let them drain in a colander.	흐르는 찬물에 여러 번 헹군 뒤 1인분씩 사리를 만들어 채반에서 물기를 뺀다.
Place the noodles in a bowl and garnish with zucchini, carrots, egg. Pour hot anchovy broth over the noodles.	그릇에 국수를 담고 애호박, 당근, 지단을 국수 위에 얹고 뜨거운 육수를 부어낸다.
Serve immediately.	즉시 서빙하다. 즉시 내어가다.

POTATOES

Potato

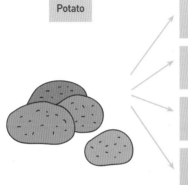

Peel potatoes 감자껍질을 벗기다	Peeled potatoes 껍질 깐 감자
Chop potatoes 감자를 다지다	Chopped potatoes 다진 감자
Mash potatoes 감자를 으깨다	Mashed potatoes 으깬 감자
Cut potatoes 감자를 썰다 Dice potatoes 깍둑 썰다 Cut potatoes into julienne 채썰다	Diced potatoes 깍둑 썬 감자 Julienned potato 채썬 감자

Wedge potato

Julienned and fried potato

Slice and fried potato

조림은 한국 전통 반상차림의 5첩 반상 구성에 포함된 음식입니다. 원래 조림은 육류, 어패류, 두부, 채소 등의 재료에 간장, 고추장 또는 된장을 넣고 간이 충분히 스며들도록 약한 불에서 졸여서 만든 반찬을 총칭하는 말입니다. 조림음식은 다른 반찬에 비해 간이 세기 때문에 저장성이 있어 밑반찬으로 만들어 놓고 먹으면 좋습니다.

조림요리에 대표적으로 사용되는 **potato** 감자는 요리에서 정말 빠질 수 없는 그러나 여기저기 사용되는 감초같은 재료입니다. 전 세계 모든 국가의 요리에서도 빠지지 않고 사용되며, 그 사용방법도 상당히 다양합니다. **Hamburger** 햄버거를 먹을 때 꼭 함께 등장하는 **french fries** 프렌치 프라이는 **julienned and fried** 채썰어 튀긴 것이고 감자칩은 **sliced and fried** 얇게 썰어 튀긴 것입니다. 뜨겁게 삶은 감자의 **peel** 껍질을 까서 **mash** 으깨서 만든 것은 **mashed potato** 매쉬드 포테이토 입니다.

갈치나 고등어조림 등은 무, 감자, 김치, **dried radish greens** 시래기 등과 함께 조리고, 장조림은 지방이 적은 우둔살 부위를 사용합니다. 우둔살은 소의 엉덩이살로 **top round** 라고 합니다.

조림은 주로 *ganjang*, **soy sauce** 간장을 사용하지만 **mackerel** 고등어, **mackerel pike** 꽁치, **horse mackerel, trachurus japonicus** 전갱이 등과 같이 살이 붉고, 비린내가 강한 생선은 간장 또는 고추장(*gochu-jang*, **red pepper paste**)과 고춧가루를 섞어 사용하기도 합니다. 여기에 다진 파, 마늘, 설탕, 물엿, 참기름 등을 혼합하여 조림장을 만드는데 조림장은 장의 종류에 따라 **soy sauce mixture** 또는 *gochu-jang* **mixture** 라고 할 수 있습니다.

조림을 할 때 조림장을 재료 위로 끼얹어가며 국물이 없어질 때까지 조려야 간이 고루 배이고 윤기가 납니다. 윤기가 나도록 하는 조리법을 **glaze** 라고 합니다.

감자조림의 과정

조림 반찬을 만들 때 영어로 어떻게 표현할 수 있을 까요? 영어 동사 **make** 를 사용해서 make *gamja-jorim* 이라고 표현할 수 있습니다. '감자를 조리다'는 **braise** 를 써서 **braise potatoes** 라고 합니다. 그럼 음식이름인 감자조림을 영어로 표현하면? **Braised potatoes** 가 됩니다.

감자조림을 만들 때는 어떤 감자가 좋을까요? 조림을 할 때는 전분이 적은 점질감자가 좋습니다. 점질감자는 waxy potatoes 라고 하고요. High moisture, high sugar, low starch 가 특징입니다. 분질감자는 floury potato 라고 하여 bake 굽기 또는 deep fry 튀기기 할 때 적당합니다.

감자를 주재료로 감자조림을 만들어 보려고 합니다. 조림을 만드는 과정에 필요한 표현을 하나씩 살펴보면, 감자와 함께 조림 할 재료를 손질하여 뜨겁게 예열한 냄비에 넣어 한 번 기름에 볶다가 조림장을 넣고 조리면 됩니다.

감자조림과 같이 먼저 채소를 볶은 후에 조림을 하는 음식의 경우 항상 냄비를 preheat 예열해야 합니다. Saute 쏘테는 뜨겁게 달구어진 pan 에서 급히 익혀내는 방법으로 고기나 채소의 표면조직을 익혀 내부의 수분이나 영양분이 밖으로 나오지 않도록 하는 방법으로 감자가 조리는 과정에서 부서지는 것을 방지할 수 있습니다.

- **Step1:** 감자를 씻는다. Wash potatoes.
- **Step2:** 껍질을 벗기고 한입 크기로 자른다.
  Peel and cut potatoes into bite size pieces.
- **Step3:** 조림장을 만든다. Make a soy sacue mixture.
- **Step4:** 팬에 식용유를 두르고 중간불에 4~5분 정도 감자를 볶는다.
  Saute potatoes in vegetable oil over medium heat for 4 to 5 minutes.
- **Step5:** 조림장을 넣는다. Add the soy sauce mixture and water.
- **Step6:** 윤기나게 끓인다. Bring to a simmer and glaze the potatoes.
- **Step7:** 마지막으로 깨를 뿌린다. Sprinkle sesame seeds on top.

이렇게 진행되는데 만약 소스를 끼얹었다고 표현하고 싶다면 spoon glaze over potatoes 라고 하면 됩니다.

SOY SAUCE BRAISED POTATOES	감자 조리기
Wash potatoes.	감자를 씻는다.
Peel and cut potatoes into bite size pieces.	껍질을 벗기고 한입 크기로 썬다.
Make a soy sauce mixture.	조림장을 만든다.
Sauté the potatoes in vegetable oil over medium heat for 4-5 minutes.	식용유를 두르고 중간불에 4~5분 정도 감자를 볶는다.
Add the soy sauce mixture and water.	간장 조림장과 물을 넣는다.
Bring the simmer and glaze the potatoes.	윤기가 나도록 끓인다.
Sprinkle 1 tsp of sesame seeds on top.	깨소금 1작은술을 뿌린다.

관련 메뉴

		영어표기	영어표현
	감자조림	*gamja-jorim*	Soy sauce braised potatoes
	연근조림	*yeongeun-jorim*	Braised lotus root
	두부조림	*dubu-jorim*	Braised pan-fried tofu
조림	갈치조림	*galchi-jorim*	Braised cutlassfish/scabbard fish
	고등어조림	*godeungeo-jorim*	Soy sauce braised mackerel
	은대구조림	*eundaegu-jorim*	Braised black cod
	장조림	*jang-jorim*	Beef braised in soy sauce
	메추리알장조림	*mechurial jang-jorim*	Braised quail in soy sauce

요리상식

조림음식에 윤기가 나게 하여 먹음직스럽게 하려면 어떻게 해야 할까요?
간장 양념이 거의 졸았을 때 마지막으로 물엿(corn syrup)을 넣으면 반짝반짝 먹음직스럽게 윤기가 납니다. 그러나 설탕이나 물엿이 들어간 조림장의 경우 빨리 타버리므로 주의해야 합니다. 약한 불 (low heat)에서 타지 않게 천천히 조리고 재료가 조림장에 잠기지 않을 때는 조림장을 끼얹어 주며 조려야 간이 골고루 배어듭니다.

14

비오는 날 먹으면 더 맛나는
[전 부치기]

MAKE PANCAKES

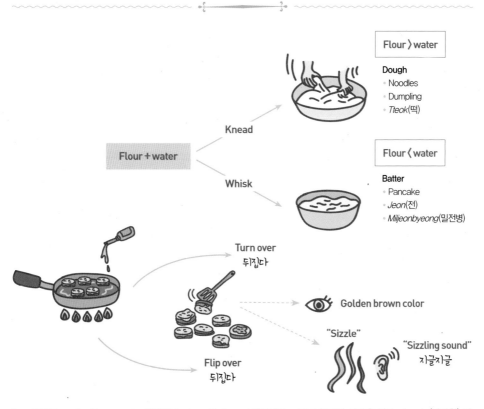

flour 밀가루 water 물 pancake 팬케이크 *Jeon* 전 knead 반죽하다 whisk 휘젓다 거품을 내다 dough (단단한) 반죽 batter (수분이 많은 묽은) 반죽 noodles 국수 dumpling 만두 *tteok* 떡 *miljeonbyeong* 밀전병 turn over flip 뒤집다 sight 시각 hearing 청각 golden brown 노릇노릇 sizzle 시글시글아른 소리를 내다 sizzling 지글지글 거리는 panfry (기름을 약간 넣고) 팬에 지지다

전(*Jeon*)은 **griddle** 번철에 다양한 제철 재료를 손질하여 **flour** 밀가루와 **egg wash** 달걀물을 씌우거나 밀가루, 물과 섞어 기름을 두르고 지지는 **pan-fry** 부침요리의 총칭입니다. 전은 한국 전통 반상차림의 5첩 반상에 올리는 음식으로 반상 또는 잔칫상, 주안상 등에 두루 잘 어울리는 음식으로 전유어(煎油魚) 또는 저냐라고도 하지요. 한국요리에는 튀김은 별로 없고 부침이 많은데, 전은 부침요리로서 주로 간장이나 초간장에 찍어 먹습니다.

전의 재료는 **seasonal vegetables** 제철 채소, **fish** 생선, **seafood** 해산물, **meat** 육류 등 매우 다양합니다. 이 중 채소, 생선, 소고기로 만든 전을 모아서 **assorted pan-fried delicacies** 모듬전이라고 합니다. 또한 한국의 대표 발효음식인 김치와 **batter** 반죽을 섞어서 만든 *kimchi* **pancake** 김치전은 한국인이라면 누구나 좋아하는 대표 전입니다.

전은 주로 *ganjang*, **soy sauce** 간장이나 *cho-ganjang*, **soy sauce with vinegar** 초간장에 찍어 먹습니다. '찍어 먹다'는 '**dip**' 으로 표현하면 됩니다. 이런 소스를 **dipping sauce** 라고 하지요.

반죽

보통 **flour** 는 (곡물의) 가루, 밀가루를 말합니다. 떡을 만드는 **rice flour** 또는 **rice powder** 쌀가루와 구별하기 위해 **wheat flour** 밀가루라고도 합니다. 이렇게 **flour** 가루에 **water** 물, **egg** 달걀 등의 **liquid** 를 섞어 **knead** 치대면 반죽이 되는데 밀가루의 양이 물보다 많은 경우 **dough** 도우라고 하고, 액체의 양을 밀가루와 같거나 더 많은 경우 **batter** 배터가 됩니다.

Batter 는 묽은 반죽이라고 할 수 있는데 물처럼 흐르는 반죽을 **pour batter**, 방울처럼 똑똑 떨어지는 조금 된 반죽을 **drop batter** 로 구분할 수 있습니다. **Dough** 는 밀가루의 양이 액체의 3배 이상으로 부드럽고 무른 반죽은 **soft dough**, 단단하고 된 반죽은 **stiff dough** 라고 합니다. 따라서 전의 반죽은 **pour** 또는 **drop batter** 입니다.

반죽의 종류와 비율

TYPE	LIQUID(CUP)	FLOUR(CUP)	EXAMPLE
Pour batter	1	1	Waffles
Drop batter	1	2	Muffins
Soft dough	1	3	Yeast bread
Stiff dough	1	4	Pastry

전 만드는 과정

우리는 '전을 부치다', '전을 지지다'라고 하지만 영어로는 'make' 동사를 사용해 make pancakes 이라고 간단하게 표현할 수 있습니다. 전을 지지는 방법은 보통 프라이팬에 기름을 약간 두르고 굽는 것으로 cooking method 조리법 중 'pan-fry'에 해당됩니다.

　호박전이나 생선전은 먼저 소금과 후추로 season 간을 해야 합니다. 물이 생기면 면보나 paper towel 종이 타월로 살살 두드려서 물기를 제거해주어야 합니다. 영어로는 'pat dry' 한다고 합니다.

　전을 부칠 때는 항상 팬을 preheat 예열하거나 heat the pan 달구어야 하고, 불의 세기는 'medium heat'로 조절해야 전이 burnt 타는 것을 예방할 수 있습니다.

밀가루, 달걀물 씌운 전

먼저 호박전, 생선전과 같이 재료를 손질해 밀가루를 묻히고, 달걀물을 씌운 전을 만들어 보려고 합니다. 전을 만드는 과정을 머릿속에 그려보세요. 먼저 재료를 준비하고 밀가루를 묻힌 뒤 달걀물을 입히고 팬에 지집니다.

Prepare ingredients
재료준비하기

▶

Dredge in flour
밀가루입히기

▶

Coat in beaten eggs
달걀물입히기

▶

Pan-fry jeon
팬에 굽기

호박전을 예를 들어 만들어본다면 호박을 손질하여 소금으로 밑간하고, 밀가루를 묻히고 달걀물을 씌워서 팬에 노릇하게 지지면 끝입니다. 호박전 만드는 과정에 필요한 표현을 하나씩 살펴보면,

- **Step1:** 호박을 씻고 자르다. Wash and slice zucchini into 0.5cm thick pieces.
- **Step2:** 호박에 소금을 뿌리다. Sprinkle salt on zucchini.
- **Step3:** 밀가루를 묻히다. Dredge zucchini in flour.
- **Step4:** 여분의 밀가루를 털어내다. Shake off the excess flour.
- **Step5:** 달걀물을 씌우다. Dip the zucchini in beaten eggs and coat on both sides.
- **Step6:** 전을 부치다. Panfry zucchini *jeon*.

밀가루 반죽 전

밀가루와 물, 달걀 등을 섞은 **pour batter** 묽은 반죽에 손질한 채소를 **mix** 또는 **combine** 하여 **pancake mixture** 전반죽을 만들어 **pan-fry** 지지는 전이 있습니다. 이러한 전은 일반적으로 김치전, 녹두전, 빈대떡처럼 반죽을 팬에 둥글게 펴서 지진 전이 해당됩니다.

대표적으로 김치전을 만들어 보려고 합니다. 전을 만드는 과정을 순서에 따라 상상해 보세요.

Chop *kimchi* and onion ▶ Put chopped *kimchi* and onion, water, flour in a large bowl and mix it well ▶ Heat a pan over medium heat and add oil

▶ Place the *kimchi* pancake mixture on the pan ▶ Pan-fry until the bottom is golden brown ▶ Flip and cook the other side until golden brown

- **Step1:** 김치와 양파를 자른다. Chop the *kimchi* and onion.
- **Step2:** 그릇에 김치와 양파, 물, 밀가루를 넣고 잘 섞는다.

    Put chopped *kimchi* and onion, water, flour in a large bowl and mix it well.
- **Step3:** 팬을 중불에 올려 예열하고, 기름을 약간 넣는다.

    Preheat a pan over the medium heat and add oil.

- **Step4:** 팬에 반죽을 넣고 얇게 편다.

  Place the *kimchi* pancake mixture on the pan and spread it thinly.
- **Step5:** 바닥이 노릇노릇할 때까지 지진다. Pan-fry until the bottom is golden brown.
- **Step6:** 김치전을 뒤집어서 뒤집힌 면이 노릇노릇할 때까지 익힌다.

  Flip and cook the other side until golden brown.

전 뒤집을 때는 flip

전은 적당한 시간에 뒤집어야 타지 않겠지요? 이때 사용할 수 있는 동사는 무엇일까요? turn 이나 flip 동사로 쉽게 표현해 보세요. 또한 더 생생한 표현을 위해서는 전치사 over 를 사용합니다.

Turn (something) over 뒤집다
- Turn the *kimchi* pancake over 김치전을 뒤집다.
- Turn the pan-fried zucchini over 호박전을 뒤집다.
- Brown the *jeon*(전) on one side, then turn it over and brown the other side
  전의 한쪽 면이 익으면 뒤집어 다른 면도 노릇노릇하게 익힌다.

Flip + 목적어 + over 뒤집다
- Flip the *kimchi* pancake 김치전을 뒤집다.
- Flip the pan-fried zucchini 호박전을 뒤집다.
- Brown the *jeon*(전) on one side, then flip it and brown the other side
  전의 한쪽면이 익으면 뒤집어 다른 면도 노릇노릇하게 익힌다.

맛깔나는 표현

전은 **golden brown 노릇노릇**하게 지져야 먹음직스럽겠지요?

전이 기름에 지져지는 소리를 **sizzling 지글지글**이라고 표현합니다, 이 소리가 빗방울 떨어지는 소리처럼 들린다고 하지요? 그래서 비오는 날 전이 먹고 싶어지나 봅니다.

전 부치는 도구

전은 부칠 때 frying pan 프라이팬이나 griddle 번철을 사용하지요. Griddle 그리들은 두꺼운 철판으로 만들어진 것으로 볶음요리나 부침요리에 사용하는 조리도구입니다. 달걀물은 노른자와 흰자를 분리해서 전의 색을 내기도 합니다. 달걀을 젓는다는 'beat eggs, whisk eggs' 라고 하고, 거품기는 beater 또는 whisk 이며, 재료나 모양, 용도에 따라 wire whisk, balloon whisk 라고 합니다. 반죽은 ladle 국자로 떠서 넣고, 한 면이 익으면 spatula 뒤집개로 뒤집으면 됩니다.

정리해봅시다

		동사	영어패턴
전 만들기	호박을 씻고 자르다. 김치와 양파를 잘게 썰다.	wash, slice chop	Wash and slice the zucchini into 0.5cm thick pieces. Chop the *kimchi* and onion.
	소금을 뿌리다.	sprinkle	Sprinkle salt on the the zucchini.
	밀가루를 묻히다.	dredge	Dredge the zucchini in flour.
	여분의 밀가루를 털어내다.	shake off	Shake off the excess flour.
	달걀물을 씌우다.	dip coat	Dip in beaten eggs and coat on both sides.
	팬을 중불에 예열하고 기름을 약간 두른다.	preheat drizzle	Preheat a pan over the medium heat and drizzle oil into the pan.
	팬에 반죽을 넣고 얇게 편다.	place spread	Place the *kimchi* pancake mixture on the pan and spread it thinly.
	전의 색이 노릇해지면 뒤집는다.	cook flip	Cook the *kimchi* pancake until the bottom is golden brown and flip it.
	전을 부친다. 전을 지진다.	pan-fry make	Pan-fry the *kimchi* pancake. Make the *kimchi* pancake.
	양념장을 만든다.	make	Make the dipping sauce.
	양념장과 함께 낸다.	serve	Serve with dipping sauce.

관련 메뉴

		영어표기	영어표현
전	생선전	*Saengseon-jeon*	Pan-fried fish fillet
	동태전	*Dongtae-jeon*	Pollack pancake
	모둠전	*Modum-jeon*	Assorted pan-fried delicacies: fish *jeon*, beef *jeon*, zuchinni *jeon*
	감자전	*Gamja-jeon*	Pan-fried potato pancake
	김치전	*Kimchi-jeon*	*Kimchi* pancake
	녹두전	*Nokdu-jeon*	Mung bean pancake
	빈대떡	*Bindae-tteok*	Mung bean griddlecakes
	파전	*Pajeon*	Green onion pancake
	해물파전	*Haemul-pajeon*	Seafood and green onion pancake

요리상식

전과 팬케이크

전은 pancake 또는 fritters와 유사한 한국음식입니다. 프리터는 재료에 밀가루 반죽 또는 빵가루를 묻혀서 튀기거나 지진음식으로 어울리기만 하면 육류, 채소, 과일 등 어떤 재료라도 프리터로 만들 수 있습니다.

전(煎)과 적(炙)

적은 크게 산적·누름적·지짐누름적으로 구분할 수 있습니다. 산적은 익히지 않은 재료를 각각 같은 길이로 썰어서 양념을 하여 꼬챙이에 꿰어 굽는 것으로 송이산적 등이 있습니다. 누름적은 재료를 미리 익힌 뒤 꼬챙이에 꿰는 것으로 화양적이 있습니다. 지짐누름적은 재료를 꼬챙이에 꿰어 밀가루를 묻히고 계란을 씌워 전(煎) 부치듯이 번철(솥뚜껑처럼 생긴 무쇠 그릇)에 지지는 것으로 그냥 적이라고도 합니다.
전과 가장 큰 차이점은 꼬챙이 skewer에 꿰어 만들어진 음식이라는 것이죠.

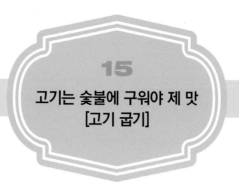

15

고기는 숯불에 구워야 제 맛
[고기 굽기]

GRILLING

Gridiron
격자형 석쇠

Charcoal
숯불

Tongs
집게

grill 굽다 put a steak on a charcoal grill 굽다 marinate 재우다 marinade 양념 marinade beef 주물럭
turn over the beef 고기를 뒤집다 trim a layer of surface fat 지방을 떼어내다 separate the bones 뼈를 분리하다
remove the bones from the meat 뼈를 발라내다 pat the meat completely dry with paper towel 타월로 핏물을 닦
다 brown all sides 모든 면을 고루 노릇하게 익히다 test a steak for doneness 고기가 익었는지 확인하다 Weave
the strips onto skewers 꼬치에 고기를 꿰다 gridiron 석쇠 brush 붓 tongs 집게 griddle 번철

한국 반상차림의 기본이라고 할 수 있는 3첩 반상에는 구이, 나물, 장아찌가 반찬으로 올라갑니다. 구이는 조리법이기도 하지만 반찬 구성의 분류 형태를 말하기도 합니다. 그렇다면 구이는 어떤 식재료를 주로 사용할까요? 채소, 생선, 육류, 가금류, 해산물, 김 등 다양한 식재료를 이용합니다. 또한 같은 재료라도 양념의 종류에 따라, 또는 양념장에 재워두는지 아닌지에 따라 음식의 풍미가 달라지기 때문에 다양한 구이요리를 즐길 수 있습니다.

  Grill 그릴은 음식의 표면에 열을 가해 익히는 방법으로 한식에서의 grilling 그릴링은 다양한 재료에 사용됩니다. 고기를 양념하지 않고 굽거나 양념에 재워 굽는 방법을 사용하며, 갈비구이는 한국인은 물론 외국인에게도 인기 있는 음식입니다.

요리상식

관련 식문화

떡갈비는 소갈비 살을 다져서 양념하여 치댄 다음 갈비뼈에 다시 붙여서 구운 음식이라고 하는데요. 그냥 양념해서 구우면 안 되나요? 왜 다져서 만들지요?

떡갈비는 양념과 참숯향이 어우러진 향미가 일품입니다. 궁중에서 임금님이 즐기시던 고급음식이 민간에 전해진 음식이지요. 다져서 만들기 때문에 조리과정은 복잡하지만 질긴 고기를 뜯어먹기 어려운 어린아이나 노인들이 부드러운 고기를 먹을 수 있습니다. 또한 젓가락을 사용하는 한국 밥상의 특성을 반영한 먹는 사람에 대한 배려와 정성이 돋보이는 음식이라고 할 수 있습니다.

구이 음식 만들기

구이 음식 중 대표적인 요리는 소갈비구이로 영어로는 **grilled beef ribs** 로 표현합니다. 먼저 **trim beef** 고기를 손질하여 **marinade** 양념에 재워두었다가 **oak charcoal** 참숯에 굽는 것으로 **smoky flavor** 향이 일품입니다. LA갈비, 돼지고기, 오리고기, 닭고기 등도 갈비 양념장으로 재웠다가 구워먹어도 좋습니다. 주물럭은 양념에 고기를 재워 손으로 주물러서 양념이 배게 한다는 의미인데 영어로 표현하면 **marinade beef** 소고기 **주물럭**, **marinade duck meat** 오리 주물럭이라고 하면 됩니다.

한편, 생선이나 삼겹살 구이처럼 양념에 재우지 않고 소금, 후추 등으로 밑간하여 바로 굽는 음식과 더덕구이처럼 참기름과 간장을 섞은 유장을 발라 한번 굽고, 양념장을 발라서 다시 한 번 굽는 조리방법을 사용하는 음식도 있습니다.

구이의 양념장은 고추장 양념장과 간장 양념장이 있고, 대체로 간장 양념장이 고추장 양념장보다 많이 쓰이는 편입니다.

구이 요리의 '굽다'는 영어의 어떤 동사가 적합할까요? Grill, pan-fry 또는 barbecue 를 사용하시면 됩니다. 구이 음식을 하는 도구에 따라 약간의 차이가 있죠. 보통 석쇠에 굽는 것은 grill 을 프라이팬에 기름을 약간 두르고 굽는 것을 pan-fry 라고 하죠. Barbecue 는 숯불 위에 그릴을 얹고 굽는다는 뜻입니다.

한국의 구이음식은 양념장을 만들어 20~30분 정도 재웠다가 굽는 음식이 많습니다. 이때 '양념장에 재우다'는 동사 marinate 을 사용하면 됩니다.

구이를 할 때는 항상 그릴이나 팬을 preheat 예열해야 합니다. 그래야 고기의 sear 표면만을 익혀 meat juice 육즙이 빠져나가는 것을 방지할 수 있습니다. 그리고 그릴에 고기가 들러붙는 것을 방지하기 위해 기름칠을 하기도 합니다.

Brush the grate with the oiled towels 석쇠에 기름을 묻힌 타월로 문지르다

너비아니 만들기

소고기를 이용한 대표 구이 음식인 너비아니 만드는 과정을 머릿속에 그려보세요. 우선 소고기의 등심 또는 안심에 칼집을 넣어 육질을 연하게 하고 양념하여 구우면 완성됩니다. 각각의 과정을 하나씩 살펴보면,

- **Step1:** 고기의 지방을 제거한다. Trim any excess fat off the meat.
- **Step2:** 고기를 얇게 저며 썬다. Slice meat thinly.
- **Step3:** 고기에 칼집을 넣는다. Score beef against grain.
- **Step4:** 석쇠를 달구고 기름을 바른다.

  Preheat the grill and brush the grate with the oiled towels.

- **Step5:** 양념장을 만든다. Make a marinade.
- **Step6:** 양념장에 고기를 재운다. Marinate the meat.
- **Step7:** 고기를 굽다. Grill meat.
- **Step8:** 너비아니를 접시에 올리고 잣가루를 뿌려 낸다.

  Put *neobiani* on the plate and sprinkle with pine nut powder.

정리해봅시다

		동사	영어패턴
생선 굽기	고기를 자르다.	cut, slice	cut beef slice beef thinly
	종이타월로 살살 두드려 물기를 제거한다.	pat, dry	pat the meat dry with paper towels
	고기의 지방을 제거한다.	trim	trim any excess fat off the meat
	고기에 칼집을 넣는다.	score	score the meat at 0.5cm intervals diagonally
	소금과 후춧가루로 양념한다.	season	season the meat with salt and pepper
	고기를 양념에 재운다.	marinate	marinate the meat
	고기를 석쇠에 올린다.	put place	put the meat in the pan place the meat on the grill
	고기의 양면을 센불로 빠르게 익힌다.	sear	sear for 2 to 3 minutes on each side
	고기를 굽다.	grill barbecue	grill the beef

관련 메뉴

		영어표기	영어표현
소고기	너비아니	*Neobiani*	Marinated Grilled Beef Slices
	떡갈비	*Tteok-galbi*	Grilled Short Rib Patties
	소갈비구이	*Sogalbi-gui*	Grilled Beef Ribs
	불고기	*Bulgogi*	Grilled marinade beef

고명 garnish

고명(*gomyeong*)은 영어로 **garnish** 라고 하는데 '음식의 모양과 색을 아름답게 꾸며 먹고 싶은 마음이 들도록 장식을 하는 것(**serve with garnishes**)'입니다. 한식에서는 음양오행설에 바탕을 두고 다섯 가지 색깔, 즉 **red** 붉은색, **green** 녹색, **yellow** 노란색, **white** 흰색, **black** 검은색을 기본으로 합니다.

붉은색은 **red chili pepper** 고추, *silgochu*(**thinly sliced and dried red chili pepper**) 실고추, **jujube** 대추, **carrot** 당근 등의 재료가 주로 사용되며 녹색은 **Korean watercress or water dropwort** 미나리, **small green onion** 실파, **cucumber** 오이가 사용되고 노란색과 흰색은 계란의 지단 *jidan*, 검은색은 **wood ear mushroom** 목이버섯, **stone ear mushroom** 석이버섯, **shiitake**(*pyogo*) **mushroom** 표고버섯을 사용하고, **pine nuts** 잣, **ginkgo** 은행과 같은 **nuts** 견과류나 **meat ball** 완자도 고명으로 사용합니다.

기타 고명

고기고명

소고기를 곱게 다지거나 가늘게 채썰어 양념하여 볶은 뒤 식혀서 장국이나 비빔국수, 떡국, 국수의 고명으로 사용합니다. 다음은 고기고명에 대한 설명입니다.

Gogi gomyeong is a seasoned and cooked meat preparation which is made by mincing julienning beef and then marinating with sauce. Stir-fry them on a greased pan and then cool them down.

버섯고명

마른 버섯을 미지근한 물에 불려서 기둥을 떼고 채를 썰어 양념 후 볶아 장식으로 사용합니다.

Rehydrate *pyogo* mushroom in warm water until the caps are softened. Remove the caps, squeeze out excess water and then julienne the mushroom. Marinate with sauce and stir-fry in a pan.

한국 음식에 가장 많이 쓰는 mushroom 버섯은 표고버섯으로 *pyogo* mushroom 이라고도 하지만 외국에는 시이타끼 shiitake mushroom 이라고 일본어로 알려져 있습니다. 양송이 스프를 끓이는 흰색 버섯은 옷의 단추모양을 닮았다하여 button mushroom 이라하고 팽이버섯은 enoki mushroom 에노끼, 느타리버섯은 굴을 닮았다하여 oyster mushroom 오이스터 머쉬룸이라고 합니다. 세계 3대 미식의 하나인 송로버섯은 truffle 트러플이라고 합니다. 가을에 많이 나는 송이버섯은 소나무에서 나기 때문에 matsutake mushroom 마쯔타게 머쉬룸이라고 합니다. 이 정도는 기본으로 알아둬야 합니다.

종류	영어 표현	종류	영어 표현
표고버섯	*pyogo* mushroom	송로버섯	truffle
양송이버섯	button mushroom	송이버섯	matsutake mushroom
팽이버섯	enoki mushroom	느타리버섯	oyster mushroom

영어로 표현할 때 "garnish with 고명이름~"의 패턴을 쓰면 됩니다. 아주 쉽죠? 자 그럼 한 번 말해볼까요?

패턴

* ~으로 장식하세요. ~으로 고명을 얹으세요.

  garnish with 고명이름~

  topped with 고명이름~

연습문제

* Garnish with *silgochu* 실고추를 얹으세요.

* Top with *jidan* 지단으로 장식하세요.

부재료		영어표기
오방색	붉은색	고추(red chili pepper) 실고추(thinly slice dried red chili pepper) 대추(jujube) 당근(carrot)
	녹색	미나리(Korean watercress) 실파(small green onion) 오이(cucumber)
	노란색	황색지단(egg yolk garnish)
	흰색	백색지단(egg white garnish)
	검은색	목이버섯(wood ear mushroom) 석이버섯(stone ear mushroom) 표고버섯(*pyogo*/shiitake mushroom)
	기타	잣가루(pine nut powder) 은행(gingko nuts) 완자(meat-balls)

한국의 디저트
[떡 만들기]

HOW TO MAKE RICE CAKE(*TTEOK*)

Steamed rice cake 찌는 떡	Mix ingredients	Steam the mixture	Stream rice cake	
Pounded rice cake 치는 떡	Mix ingredients	Steam the mixture	Pound rice cake	Make a shape
Pan-fried rice cake 지지는 떡	Knead the dough	Shape the dough into (a half moon)	Pan-fry rice cake	Drizzle the syrup
Boiled rice cake 삶는 떡	Knead the dough	Roll into balls	Boil rice cake	Dredge in bean powder

steamed rice cake 찌는 떡 pounded rice cake 치는 떡 pan-fried rice cake 지지는 떡 boiled rice cake 삶는 떡 place the mixture in a steamer 찜기에 떡가루를 안치다 knead the dough 반죽하다 rice flour 멥쌀가루 sweet rice flour 찹쌀가루 dye dough ~ 반죽에 색을 들이다 shape the dough into (a half moon) 반죽을 (송편 모양으로) 빚다 roll into balls 경단모양으로 빚다 steam rice cake 떡을 찌다 pound rice cake 떡을 치다 pan-fry rice cake 떡을 지지다 boil rice cake 떡을 삶다 make a shape 떡의 모양을 잡다(성형하다) drizzle the syrup(honey) 시럽을 조금 붓다(뿌리다) dredge the rice cake in ~ 고물을 무치다 roasted rice powder 미숫가루

곡식을 가루내서 적당한 수분을 주고 익힌 음식을 통틀어 떡이라고 합니다. 떡은 지역이나 계절에 따라 쌀가루에 섞는 부재료가 다양하고, 만드는 모양이나 크기, 조리법에 특색이 있습니다. 떡은 주식은 아니지만 밥과 함께 한국인의 식생활문화 전반에 영향을 주는 음식입니다. 잔치나 생일, 결혼과 제례, 상례 등 중요한 행사에 빠지지 않고 반드시 올리는 음식으로 한국인의 기쁨과 슬픔을 함께한다고 해도 과언이 아니죠. 떡은 다식으로 차와 함께 먹거나 동치미, 나박김치 등 물김치와 잘 어울리는 간식 또는 후식입니다.

떡의 종류

최초의 떡 tteok 은 어떤 형태였을까요? 삼국시대 벽화나 발굴된 steamer 시루 등으로 봤을 때 steamed rice cake 찌는 떡이 가장 먼저 만들어졌을 것이라 추측할 수 있습니다.

주재료인 떡가루는 rice 멥쌀, glutinous rice, sticky rice, sweet rice 찹쌀 모두 사용할 수 있습니다. 멥쌀은 찹쌀에 비해 glutinous 가 적은 쌀을 말합니다.

우리가 잘 알고 있는 백설기, 시루떡, 송편 등이 steamed rice cake 찌는 떡이지요. 찌는 떡은 물을 끓여 수증기로 익히는 떡으로 쌀가루에 수분이 부족하면 떡이 설익게 undercooked 됩니다. 설익은 떡은 under-cooked rice cake 이라고 하지요.

찌는 떡은 우선 시루에 떡가루를 넣고 찜기에 안치면 됩니다. '안치다'는 '솥이나 냄비에 재료를 넣고 불에 올리다'라는 의미로 다음과 같이 'place'라는 단어로 표현하면 됩니다.

> 예문: **Place** the rice cake mixture in a steamer(시루) and steam over high heat.

그럼 pounded rice cake 치는 떡에는 무엇이 있을까요? 여러분이 잘 알고 계시는 인절미와 절편이 대표적인 치는 떡입니다. 설날에 먹는 흰떡도 역시 치는 떡이지요.

먼저 떡을 쪄서 익힌 쌀가루를 pound 떡판에 쳐서 떡반죽을 만들어 다양한 떡 모양을 만듭니다. 우리가 흔히 바람떡이라고 부르는 개피떡은 반달모양으로 만듭니다. '~ 모양으로 만들다'는 make (a half-moon) shape 이라고 합니다.

이렇게 모양을 잡는 떡은 대부분 멥쌀로 만듭니다. 찹쌀은 glutinous, sticky 찰기가 많아서 모양을 잡기도 어렵고 끈적거립니다. 그래서 인절미처럼 네모 모양의 한입 크기로 잘라 고물을 묻혀서 먹습니다. 묻히다는 **coat** 라는 단어를 사용할 수 있습니다.

예문1: Cut into bite size pieces. 한입 크기로 자르다.

예문2: Coat each injeolmi piece **with** the roasted soy bean powder. 콩고물을 묻히다.

Pan-fried rice cake 지지는 떡과 **boiled rice cake** 삶는 떡은 찌는 떡과 치는 떡에 비해 종류가 적은 편입니다.

Pan-fried rice cake 은 화전이나 수수부꾸미 등을 말하며, 팬에 기름을 두르고 찹쌀반죽을 지져서 만듭니다. 떡을 지지다는 '**pan-fry the rice cake**' 이고, 떡을 지져서 꽃으로 장식하거나 팥앙금을 넣어서 시럽이나 꿀물을 약간 뿌려서 먹기도 합니다.

예문: Drizzle the syrup(honey). 시럽(꿀)을 조금 뿌리다.

삶은 떡은 주로 떡을 반죽해서 완자처럼 둥글게 빚어 물에 삶아 떠오르면 건져서 수분을 충분히 제거하고 고물을 묻혀서 먹습니다. 이렇게 둥글게 빚은 떡을 경단이라고 합니다. 반죽하다는 **knead the dough** 이고, 둥글게 빚다는 **roll into balls** 입니다.

예문: Roll the rice cake dough into balls. 떡 반죽을 둥글게 빚다.

떡을 삶나는 **buil** 을 써서 **boil the hall shaped dough** (경단)라고 할 수 있습니다. 경단도 인절미처럼 고물을 묻힙니다. **coat** 또는 **dredge** 동사를 써서 다음과 같이 표현할 수 있습니다.

종류	영어 표현
멥쌀	non-glutinous rice, white rice, rice
찹쌀	glutinous rice, sticky rice, sweet rice
멥쌀가루	non-glutinous rice flour, rice flour
찹쌀가루	glutinous rice flour, sweet rice flour

떡 만드는 과정

떡은 부재료와 조리법에 따라 너무나 다양합니다. 그래서 보통 떡을 만든다고 하죠. 'make' 동사를 써서 'make + ~떡'이라고 하면 됩니다.

앞서 설명한 것처럼 떡은 조리법이 크게 4가지로 분류되지만 가장 종류가 많은 것은 **steamed rice cake** 찌는 떡입니다.

백설기 만들기

그럼 가장 기본이 되는 떡으로 백설기를 만들어 보겠습니다. 백설기는 멥쌀가루와 소금, 물, 기호에 따라 설탕을 넣어서 찌는 떡입니다. 백설기 만드는 과정을 순서에 따라 상상해보세요. 만약 설탕을 넣는다면 체에 내린 떡가루에 살살 섞어주면 됩니다.

- **Step1:** 멥쌀가루와 소금, 물을 잘 섞는다. Mix rice flour, salt and water well.
- **Step2:** 덩어리진 가루를 손으로 살살 비빈다. Smooth out any lumps.

- Step3: 떡가루를 체에 내린다. Put the mixture into a sieve and sift through.
- Step4: 떡가루를 시루에 넣고 위를 평평하게 한다.
  Place the mixture in a steamer and level the surface.
- Step5: 떡을 찐다. Steam the mixture.
- Step6: 차나 물김치와 함께 낸다. Serve with the tea or water *kimchi*.

떡가루를 비빌 때는 rub

떡의 질감을 결정하는 것은 떡가루의 수분이 큰 역할을 합니다. 특히 찌는 떡은 수분이 부족하면 설익고 under-cooked rice cake, 너무 많이 들어가면 질척하고 texture 질감이 거칠지요. 거칠다는 coarse 입니다.

그래서 쌀가루에 적당한 물을 넣고 쌀가루 전체에 고루 퍼지도록 하려면 손으로 부드럽게 비벼줘야 합니다. 이때 '문지르다'의 rub 을 써서 표현합니다.

예문: **Smooth out** any lump in the mixture between your palms. 덩어리를 손바닥으로 부드럽게 문지른다.

맛깔나는 표현

인절미는 쫄깃쫄깃하죠? 쫄깃쫄깃하다는 형용사 chewy 를 써서 표현하면 됩니다.

예문: This rice cake is chewy.
chewy 쫄깃쫄깃하다, 쫀득쫀득하다

떡 만드는 도구

떡을 찌는 그릇을 steamer 시루라고 합니다. 흙을 빚어 만든 pottery 질시루를 주로 사용했지만 최근에는 bamboo steamer 나 steamer 에 mousse cake mould 무스케이크몰드, **baking pan** 베이킹 팬을 놓고 떡가루를 넣어 찌는 방법을 많이 사용합니다. 쌀가루는 체에 내려야 하는데 체는 **sifter,** 떡을 평평하게 하기 위해서는 **cake scraper** 를 씁니다. 한편 수증기가 떡으로 떨어지는 것을 막기 위해 **cheese cloth** 면보로 **cover** 뚜껑을 싸서 꼭 수증기가 빠지지 않도록 뚜껑을 **close tightly** 꼭 닫으면 맛있는 떡을 먹을 수 있습니다. 그리고 인절미 만들 때 찐 떡 반죽을 **mortar** 절구에 넣고 찧으면 쫄깃쫄깃한 인절미를 먹을 수 있습니다.

도구	영어 이름	도구	영어 이름
대나무찜기	Bamboo steamer	시루받침	Steamer mat
질시루	Earthenware steamer	치즈클로스	Cheese cloth
찜기	Steamer	스크레퍼	Cake scraper
케이크 몰드	Cake mold	체	Sieve or sifter
베이킹 팬	Baking pan	절구	Mortar

정리해봅시다

떡	동사	영어패턴
쌀가루, 소금, 물을 고루 섞다.	mix	Mix rice flour, salt and water well
떡가루를 살살 비비다.	smooth out	Smooth out any lumps
떡가루를 체에 내린다.	sift	Sift rice cake mixture
떡을 찐다.	steam	Steam rice cake mixture
떡을 찧는다.	pound	Pound boiled rice cake mixture
떡을 지진다.	pan-fry	Pan-fry shaped rice cake dough
떡을 삶는다.	boil	Boil shaped rice cake dough
떡을 반죽한다.	knead	Knead rice cake dough
떡을 빚는다.	shape	Shape the dough into a half-moon
고물을 무친다.	dredge coat	Dredge rice cake in the roasted soybean powder coat ~ with ~
시럽을 뿌린다.	drizzle	Drizzle the honey

18

차갑게 또는 뜨겁게 마시는 수정과
[음료 만들기]

HOW TO MAKE KOREAN CINNAMON PUNCH

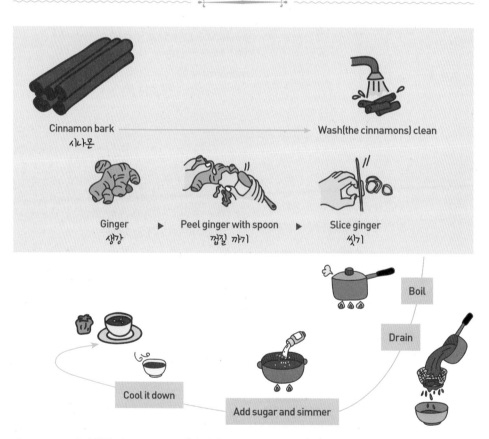

Cinnamon bark
시나몬

Wash(the cinnamons) clean

Ginger
생강

Peel ginger with spoon
껍질 까기

Slice ginger
씻기

Boil

Drain

Cool it down

Add sugar and simmer

cinnamon punch 수정과 cinnamon bark 계피 껍질 ginger 생강 wash (sth) clean 깨끗이 씻다 peel ginger with a spoon 숟가락으로 생강껍질을 까다 slice ginger 편으로 생강을 썰다 boil 끓이다 drain 물기를 빼다. 거르다 add sugar and simmer 설탕을 첨가하고 은근히 끓인다 cool it down (수정과를) 식히다 pine nuts 잣 dried persimmon 곶감(건시)

음청류는 우리 조상들이 오랜 세월동안 즐겨 마셔온 전통음료로 갈증을 해소해주고, 우리 몸에 기운을 북돋아 주기도 합니다. 음청류에는 꿀물부터 약재를 넣고 끓인 탕까지 재료와 만드는 방법에 따른 종류도 다양하지만 가장 대표적인 한국의 전통음료는 수정과와 식혜라고 할 수 있습니다. 수정과는 식혜에 비해 만드는 방법이 쉽고 비교적 구입하기 쉬운 향신료로 만들지만 맛과 향에 한국적인 특색이 있는 대중적인 음료입니다.

계피와 생강

수정과는 cinnamon 계피와 ginger 생강을 끓인 물에 설탕으로 맛을 내고, pine nuts 잣과 dried persimmon 곶감을 넣어 시원하게 마시는 한국의 전통적인 음료입니다. Dried persimmon 곶감을 제외하고는 세계 어디서나 쉽게 구할 수 있는 재료이지요.

계피와 생강은 대표적인 spice 향신료로 주로 powder 가루로 만들어 쿠키, 케이크 등에 다양하게 사용됩니다. 한식에서 계피는 수정과나 한과에 사용하고, 생강은 양념을 비롯해 한과, 음료 등 그 활용도가 높은 spice 입니다. 감기 예방에도 효과가 좋아 ginger tea 는 겨울철 대표 healthy beverages 건강음료입니다.

그럼 생강의 껍질은 어떻게 깔까요? 껍질을 까다는 'peel' 입니다. 그런데 생강은 gnarled and knobbly 울퉁불퉁하게 생겼죠? 그래서 일반적인 peeler 로는 껍질을 까기 어렵습니다. 생강 껍질 까는 도구는 숟가락이 최고죠. 그리고 끓일 때 생강향이 잘 우러나도록 편으로 써는데, 'slice' 동사를 써서 slice garlic 이라고 표현하면 됩니다.

예문: Peel ginger. 생강 껍질을 까다.
Peel ginger with a spoon. 숟가락으로 껍질을 까다.

세피는 기루와 구분해서 cinnamon bark 또는 cinnamon sticks 계피 껍질로 표현할 수 있습니다. Wash cinnamon sticks under running water 계피를 흐르는 물에 씻으면 수정과 만드는 준비는 끝입니다.

수정과 만드는 과정

수정과를 만든다는 'make' 동사를 써서 'make cinnamon punch' 라고 쉽게 표현할 수 있습니다.

수정과가 완성되기까지 다양한 과정이 필요한데요. 가장 중요한 조리과정은 simmer 입니다. Simmering 뭉근히 끓이는 조리법은 100℃ 이하의 온도에서 재료의 향이나 영양이 충분히 우러나오도록 은근히 끓이는 조리법을 말합니다.

계피와 생강을 같이 끓이는 것보다 각각 따로 끓여 1:1로 섞는 것이 계피와 생강 본래의 taste and flavor 맛과 향을 제대로 즐길 수 있습니다. 물론 같이 끓이면 편하기는 하겠지만요.

그리고 잣은 어떻게 손질할까요? 보통 레시피에는 '잣의 고깔을 떼어 낸다'라고 하는데요. 영어로는 remove the tops of the pine nuts 이라고 하면 되겠지요?

그럼 수정과 만드는 조리과정을 한 번 머릿속에 그려보세요.

- Step1: 냄비에 계피, 생강, 물을 넣고 중불로 끓인다.

    Put the cinnamon sticks, ginger slices and the water into a large pot and boil it on medium-high heat.
- Step2: 체에 계피와 생강을 걸러서 버린다.

    Strain the boiled cinnamon sticks and ginger through the sieve and discard.
- Step3: 냄비에 수정과물을 넣는다. Place the cinnamon punch in a large pot.

- **Step4:** 설탕을 넣고 녹을 때까지 끓인다.

  Add the sugar and boil until the sugar dissolves completely.
- **Step5:** 수정과를 식힌 다음 잔에 따른다.

  Cool cinnamon punch down and pour into cups.
- **Step6:** 잣과 곶감을 띄워서 낸다.

  Garnish with pine nuts and dried persimmon and serve.

홍시와 곶감

감은 persimmon 이라고 합니다. 그런데 숙성 정도에 따라 부르는 이름이 다릅니다. 익지 않아 떫은맛이 나는 감을 땡감으로 부르기도 하고, 잘 익은 감을 홍시라고 합니다. 영어로는 과일이나 곡물이 익은 것을 표현하는 형용사 ripe 를 사용해서 땡감을 unripened persimmon, 홍시를 ripened persimmon 이라고 하면 쉽게 표현할 수 있습니다. 참고로 단감은 sweet persimmon 이라고 합니다.

최근 홍시를 이용한 디저트가 많이 나오는데요. 주로 얼려서 셔벗 frozen persimmon sorbet 이나 아이스크림으로 만들어 먹습니다. 가장 쉬운 방법은 씻어서 냉동실에 넣어 얼린 다음 스푼으로 떠먹으면 별미입니다.

예문1: Wash the persimmon.

예문2: Put the persimmon into the freezer until it is slushy.

예문3: Cut off the top.

예문4: Dig in with a spoon.

감을 말린 것을 dried persimmon 곶감이라고 합니다. 수정과에는 곶감을 펼쳐서 호두를 넣고 말아서 만든 곶감쌈을 slice 하여 넣어서 먹습니다.

곳감쌈은 **walnuts rolled in dried persimmons** 라고 하는데요. 앞에서 얘기한 것처럼 수정과에 넣어서 먹기도 하지만 곳감쌈은 그 자체로 훌륭한 **Korean desserts** 중의 하나입니다. 주로 다과상이나 주안상에 올리며, 곳감의 단맛과 호두의 고소함을 동시에 즐길 수 있습니다.

그럼 곳감쌈을 만들어 볼까요? 비교적 쉽게 만들 수 있습니다.

- **Step1:** 곳감의 위와 아래를 자르고 한쪽을 길게 자른다.
  Cut off the top and bottom of the dried persimmon and slit down one side.
- **Step2:** 곳감을 펼쳐서 씨를 제거한다. Open up and remove seeds.
- **Step3:** 가운데에 호두를 놓는다. Place a walnut piece in the center.
- **Step4:** 돌돌 말아 탄탄하게 꼭 눌러둔다. Roll into a log and press down tightly.
- **Step5:** 곳감쌈을 편으로 썬다. Cut gotgamssam into 0.6cm thick slices.
- **Step6:** 차와 함께 낸다. Serve with tea.

정리해봅시다

조리법	동사	영어패턴
생강 껍질을 까다.	peel	Peel ginger with a spoon
중불에 끓이다.	boil	Boil on medium-high heat
거르다.	drain	Drain cinnamon sticks and ginger slices
수정과를 식히다.	cool	Cool cinnamon punch down
잣으로 고명한다.	garnish	Garnish with pine nuts

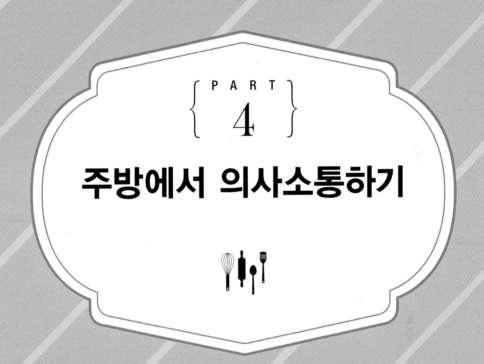

PART
{ 4 }

주방에서 의사소통하기

실전 서바이벌 주방 회화

레시피 읽기

레시피의 구성요소는 메뉴명, 식재료명, 준비 방법, 인분, 만드는 법, 대체품 등의 순서로 기재되어 있습니다.

RECIPE 구성

Menu(메뉴명)
Ingredients(들어갈 재료)
　Name of the ingredients(재료명)
　Quantity(수량)
　Unit(발주 단위)
　Cutting Method(써는 방법)
Portions/Serving(인분)
　Yield(산출량, 생산량): 수량으로 표시할 때
Cooking Method/Procedures/Directions(만드는 법)
　Utensils & Equipments(소도구 및 장비)
　Cooking Techniques(조리 기술)
Substitutions(대체품)

주문과 관련된 핵심용어 3가지!

order, fire, pick up

위의 단어는 외국의 주방대결 프로그램에서 많이 사용하는 것을 볼 수 있는데요.

- order 새로운 주문이 들어온 경우 쓰는 말
- fire 음식을 조리하라는 말(명령어)
- pick up 음식을 접시에 담아서 내주라는 말

홀에서 음식을 주문하면 주방에서는 주문내역이 전표에 찍혀서 나옵니다. 그러면 셰프는 주문을 확인합니다.

- We have an order of 3 갈비찜, 1 불고기.

그리고 다음과 같이 셰프가 주문을 전체 주방에 명령합니다.

- **Step1:** Fire 3 갈비찜, 1 불고기: 갈비찜 3개 준비 시작하고, 불고기 1개 준비하세요.

여기서 fire 는 '불을 붙이다'인데 가스에 불붙여라, 즉 **'음식을 만드세요'**라는 뜻으로 사용됩니다. 그리고 나서 일정 시간이 지나면 셰프는 오더내린 음식이 다 되었는지 확인하고 다음과 같이 이야기합니다.

- **Step2:** Pick up 3 갈비찜, 1 불고기: 갈비찜 3개, 불고기 1개를 그릇에 담으세요.

픽업은 '들다, 집다'란 뜻이지만 주방에서는 접시에 음식을 담아서 내주라는 말로 쓰입니다. **음식 나갈 준비하세요~** 음식이 결국 접시에 담기면 셰프는 서빙하는 직원들에게 다음과 같이 이야기합니다.

- **Step3:** 3 갈비찜 for table #5, 5번 테이블에 갈비찜 3개 서비스하고,
     1 불고기 for table #7. 테이블 7번에 불고기 1개 서비스하세요.

음식조리하기

1) 재료 확인하기

Did you check~? ~ 확인했니?

재고파악

- Did you check how many onions we have? 양파가 얼마나 남았는지 확인했니?
- Did you check how many carrots we have in storage? 저장고에 당근이 몇 개나 있는지 확인했니?
- Did you check how much milk we have in the refrigerator? 냉장고 안에 우유가 몇 개 있는지 확인했니?

발주하기

- We need to order short ribs for. 갈비찜용 고기가 필요해.
- Have you ordered what we need for tomorrow? 내일 재료 주문했니?
- I need to place an order for steak. 스테이크 주문해야 해.

식재료 상태 확인하기

상태가 좋은 경우	상태가 안 좋은 경우
These potatoes are good. 감자가 좋다.	That's not good. 안 좋은데.
These potatoes are excellent. 감자 상태가 아주 좋다.	That is not in good condition. 상태가 별로야.
It looks fresh. 싱싱해 보인다.	The potatoes are not fresh. 감자가 별로 신선해 보이지 않아.
These are just perfect for potato chips. 감자칩 만들기에 딱 적당한 크기다.	This has gone bad. 맛이 갔다.
	They are all rotten. 다 썩었어.

- These potatoes are too big. 감자가 너무 크다.

- These potatoes are too small. 감자가 너무 작아.
- When is the best season? 언제가 제철이야?
- The strawberries are in season. 딸기는 지금이 제철이지.
- Those are out of season. 철이 지났어.

2) 재료 보관 및 정리하기

- Chef, where should I put this? 이거 어디에다 둘까요?
- Should I put this over there? 저기에다 둘까요?
- Should I put this in here? 이거 여기다 넣을까요?
- Should I put this in the refrigerator? 이거 냉장고에 넣을까요?
- Should I put this back in the sink? 이거 도로 싱크대로 가져다 놓을까요?

3) 셰프의 작업지시 확인하기

이 일 언제까지 끝내야 되나요?

- What time should I finish this?
- When should I finish this?

이 정도면 되나요?

- Will this be fine?
- Will this be enough?
- Will this be OK?

enough

- Is this good enough? 이 정도면 괜찮아요?
- Is this small enough? 이 정도로 잘게 썰면 되나요?
- Is this fine enough? 이 정도로 곱게 하면(빻으면) 되나요?

- Is this large enough? 이 정도 크기면 되요?

- That's enough. 그거면 충분해.

Very rare → Rare → Medium rare → Medium → Medium well-done → Well-done

조리 시 질문하기
의문사를 사용하여 간단하게 묻기

what

- What are you making? 오늘 뭐 만들어?

- What are you cooking? 뭐 만들고 있니?

- What is this? 이게 뭐니?

why

- Why not? 왜 안 돼?

- Why not now? 지금은 왜 안 돼?

- Why not try it again? 다시 한 번 해보면 어때?

- Why is that? 왜 그런 건데?

how

- How big is the watermelon? 수박이 얼마나 큰데?

- How heavy is the potato? 감자가 얼마나 무거운데?

- How long is the green onion? 파가 얼마나 길어?

- How about this? 이건 어때?

- How do you make your coffee?

커피는 어떤 스타일로 마셔요?(아메리카노, 라떼, 설탕 유무 등)

- How would you like your steak?

  스테이크는 어떤 스타일로 드시나요?(고기의 익힘 정도를 물을 때)

when, where, who

- When is it? 그게 언제인데?

- Where does it grow? 어디서 자란데?

- Where does this garlic grow? 마늘이 어디서 나나요?

- Who is it? 누구세요

- Who is calling me? 누가 날 부르니?

조리과정 묻기

- Could you show me how to make this? 어떻게 만드는지 보여주세요.

- Should I slice like this? 이렇게 썰면 되나요?

- At what temperature do you fry them? 그것은 몇 도에서 튀기면 되나요?

- At what temperature do you bake this? 이것은 몇 도에서 구우면 되나요?

온도를 나타내는 표현

Hot	뜨거운
Very hot	매우 뜨거운
Extremely hot	엄청나게 뜨거운
Pan smoking hot	팬에서 기름이 타서 연기가 날 정도로 뜨거운
Sizzling hot	겉에 갈색으로 구워질 만큼 뜨거운, 지글지글
Boiling hot	물이 끓을 만큼 뜨거운, 부글부글
Warm	따뜻한
Lukewarm	미지근한
Room temperature	실(상)온
Cool	서늘한
Cold	차가운, 찬

- For how long? 얼마 동안이요?

- For how long do you cook this? 얼마 동안 익혀요?

- For how many hours do you cook this? 몇 시간 동안 익혀요?

- How many minutes? 몇 분 걸려?

- How long for cooking noodles? 국수 삶는 데 얼마나 걸려?

- How many hours? 몇 시간이나 걸려?

- How many hours for cooking *samgyetang*? 삼계탕 끓이는 데 몇 시간이나 걸려?

익었는지 결과물 확인하기

- Are these done? 다 익은 거예요?

- How do you know when it's done? 다 익었는지 어떻게 알아요?

- Just look at the color, then you will know. 색을 보면 알 수 있어요.

색을 나타내는 표현

Golden Brown	노릇노릇한 갈색 Golden brown cookie
Opaque	불투명한
Transparent	투명한
Clear	맑은
Bright	(색이) 선명한, 환한, 밝은 bright color

- Just take one and taste it. 하나 꺼내서 맛보면 알아요.

- When you poke the potatoes with a chopstick, if it easily comes out, that means it's done. 젓가락을 찔러봐서 쉽게 빠지면 다 익은 거예요.

186 한식조리사를 위한 키친잉글리시

All the way done	끝까지
Cook it all the way done	다 익을 때까지 요리해라
Thoroughly	완전히
Cook thoroughly	완전히 익을 때까지 요리해라
Completely	완전하게
Through	끝까지

맛보기

- Is this Ok to eat? 이거 먹어도 되는 건가?
- Can I try this? 이거 맛봐도 되요?

맛의 기본 표현

맛있다		맛없다	
good	좋다	not good	별로야
delicious	맛있다	awful	최악이야
divine	끝내주는	dull	맛이 심심해
luscious	달콤하고 감미로운 (주로 베이킹에 사용)	bland	맛이 밍밍해
mouth watering	입에 침이 고이는	not tasty	별로 맛없어
out of this world	굉장히 맛있는		
savory	감칠맛나는		
scrumptious	굉장히 맛나는		
succulent	즙이 풍부한		
tasty	맛있다		
yummy	(유아용어)냠냠		

예문1: It's delicious. 맛있다.

예문2: It's divine. 끝내준다.

예문3: This is out of this world. 굉장히 맛있다.

예문4: Best cookie ever. 지금까지 맛보지 못한 쿠키.

예문5: It's awful. 최악이야.

기타 맛에 관한 표현

Sharp	(신맛이) 날카로운
Tangy	(동치미 국물의) 톡 쏘는
Clean	(맛이) 깔끔한
Refreshing	(느낌이) 상큼한
Lingering	혀에 여운이 남는(It has a lingering taste.)

MOUTH

Munch
와작와작 씹다

Swallow
삼키다

Bite
물다

Sip
홀짝이다

Chew
씹다

Gnaw
앞니로 갈아먹다

Gorge
포식하다

Lick
핥아먹다

Gobble
게걸스럽게 먹다

Suck
빨아먹다

Eat 먹다 Try 시도해보다 Dine 잘 차려진 식당에서 먹다 Have 먹다 Drink 마시다

관용표현

- Just leave it like this. 그냥 이대로 둬.

- Just keep it like this. 이대로 보관해.

- This is not rocket science. 그렇게 힘들거나 복잡한 건 아니야.

- This is not brain surgery. 그렇게 어려운 일은 아니야.

- Move it quick, please. Move it faster. Hurry up! 빨리 해.

- Let's take a break. 잠시 쉬었다 합시다.

- Good job. 잘했어요.

- Keep up the good work. 계속 잘해 주세요.

주의를 환기시키는 표현

- Excuse me. (혼자 지나갈 때) 실례합니다.

- Excuse us. (둘 이상 지나갈 때) 실례합니다.

- Behind you. 뒤에 사람 있어요.

- Watch out! 조심해.

- HOT, HOT, HOT 뜨겁습니다.

- Coming through~ 자, 지나갑시다.

비교급 표현

- The more the better. 많을수록 좋다.

- The cooler the better. 차가울수록 좋다.

- The hotter the better. 뜨거울수록 좋다.

- The smoother the better. 부드러울수록 좋다.

- The sweeter the better. 달수록 좋다.

- The spicier the better. 매울수록 좋나.

PART

5

음식 스토리텔링하기

K-pop의 열기로 인해 많은 외국인들이 한국을 찾고 한국음식을 즐기고 있습니다. 앞에서 음식을 공부했으니 고객과 어떻게 커뮤니케이션해야 하는지 배워보도록 하겠습니다.

과거에는 셰프가 주방에서 음식을 만드는 일만 했다면 현재의 셰프는 만능엔터테이너로 고객들에게 음식도 설명하고 규모가 작은 레스토랑의 경우 직접 서빙도 합니다. 음식을 주문받는 일은 간단하지만 고객에 따라서 시간이 걸릴 수도 있습니다. 무엇보다 주문을 받을 때 가장 중요한 것은 손님이 주문하는 메뉴를 잘 받아 적고, 질문에 응하고 다시한 번 확인하는 작업입니다. 특히 외국인의 경우 생소한 식재료나 이름이 있는 경우 질문을 하거나 설명을 요구하고 추천을 원하는 경우도 있습니다. 생소한 음식인 경우 손님들이 가장 궁금한 것은 어떤 식재료인지, 어떻게 만드는지, 한국의 전통음식인지, 어떻게 먹는지를 가장 궁금해 합니다. 여행지에서 새로운 음식을 반기는 사람도 있긴 하지만 의외로 음식에 알레르기 반응이 있을 수 있기 때문에 음식을 권하는 것도 조심스럽습니다.

주문은 **order** 라는 단어를 사용하고 메뉴를 받기 때문에 동사 **take** 를 사용합니다.

손님안내하기

● 예약 하셨습니까?

Do you have a reservation?

● (안내하면서) 이쪽으로 오세요.

Come this way, please!

메뉴판 건네기

● 손님이 자리에 앉으면 메뉴판을 권해보는 것도 좋을 것 같습니다.

Would you like to see the menu?

● 한국어가 자신이 없다면 영어로 쓰여진 메뉴판을 권해 보세요.

Do you need an English menu?

메뉴는 다음과 같이 여러 형태가 있으나 한정식은 Korean table d'hote로 표현합니다.

Menu 구성에 따라	
Prix fixe menu	정해진 가격 안에서 코스의 일부를 선택
A la carte menu	일품 메뉴
Tasting menu	시식 메뉴
Chef's tasting menu	쉐프가 특별히 마련한 메뉴
Seasonal menu	계절 메뉴

음료 권하기

● 음료를 먼저 권해보는 것은 어떨까요?

Would you like something to drink?

Would you care for a drink?

● 시간이 필요하다면 충분히 메뉴를 선택할 수 있는 시간을 주세요.

Take your time. Let me know when you are ready to order.

Do you need more time to look at the menu?

주문받기

손님이 주문을 할 것 같으면 다가가서 무엇을 주문하시겠습니까? 라고 질문하고 추천을 해도 됩니다.

- Are you ready to order?
- May I take your order?
- Would you like to order?
- What would you like to have?

메뉴추천하기

- Do you need some recommendations? 제가 추천 좀 할까요?
- Are you familiar with Korean food? 한식을 드셔보셨나요?

고객

- What's your signature dish? 잘하는 메뉴가 뭔가요?
- What's good today? 오늘 뭐가 신선한가요?
- What do you recommend? 추천하실 메뉴는?
- Would you explain this one? 이거 뭐예요. 설명 좀 해 주세요.
- What is a *dolsot*? 돌솥이 뭔가요?
- I'll have that one. 저는 (설명한) 그걸로 할게요.
- I'll have the same. 같은 걸로 주세요.
- I'll have combo #3 and 5. 세트 메뉴 3번 하고 5번 주세요.
- I'll have the chef's special, please. 특선 메뉴 주세요.

매운 정도

- How spicy is *Kimchijjigae*? 김치찌개는 얼마나 매워요?
- How hot do you want your soup? 얼마나 매운 걸 원하세요?

예문: mild 부드러운 맛, spicy 매운 맛

알레르기 반응

- Are you allergic to peanuts? 땅콩 알레르기 있으세요?

- I have an allergy to peanuts, shellfish, MSG. 저는 땅콩, 조개, MSG 알레르기가 있어요.

음식 시간공지

- Dolsotbap takes 15 to 20 minutes to make. Can you wait?

  돌솥밥은 15~20분 정도 걸리는데 괜찮으세요?

주문메뉴 확인하기

- Let me confirm your order. You ordered the cheese plate for your appetizer, and one medium steak, right?

  주문하신 메뉴를 확인하겠습니다. 애피타이저로 치즈플레이트를, 중간 정도 익힌 스테이크를 주문하셨습니다. 맞으신가요?

음식도착

- 주문하신 음식 나왔습니다.

  Your food is ready.

  Here is your food.

  Here's your chicken and salad.

냉면자르기

- Can I cut your *naegmyeon* noodles before you eat? They are too long to swallow.

  드시기 전에 냉면을 잘라 드릴까요? 그것들은 삼키기에 매우 길어요.

음식을 놓고 가면서

● 맛있게 드십시오.

Enjoy your meal!

Bon Appetit! (=Enjoy)

중간확인

● How is everything? 음식은 어떠세요?

● Do you need anything? 필요한 거 없으신가요?

● More water? 물 좀 더 드릴까요?

음식 먹고 난 후

● 음식 어떠셨습니까? 괜찮으신가요?

How was your food today?

Did you enjoy your dinner?

● 다 드신 건가요?

Are you finished?

Are you done?

Can I take your plates?

디저트 주문 받기

● Do you want to look at the dessert menu? 디저트 메뉴판 보시겠어요?

● What will you have for dessert? 디저트는 뭘로 하시겠어요?

● Would you care for dessert? 디저트 하시겠어요?

먹은 뒤 계산

- You can pay your bill at the cash register. 계산대에서 계산하시면 됩니다.

- Cash or charge. 현찰입니까? 카드입니까?

- I'll pay in cash or I'll charge. 현금으로 낼게요 또는 카드로 낼게요.

- Tips are included. 팁은 포함되어 있습니다.

02
음식 서비스하기

메뉴 스토리텔링 및 먹는 법

음식에 대한 역사나 스토리를 아는 경우 설명을 곁들이면 훨씬 음식이 맛있어 보일 수도 있습니다. 또한 외국인에게는 젓가락 사용법이 쉽지 않으니 설명을 하거나 포크를 가져다주는 것도 하나의 방법입니다.

1. 비빔밥(*bibimbap*) / Cooked Rice Mixed with Various Vegetables and Beef

- **메뉴 설명:** *Bibimbap* means mixed rice topped with various cooked vegetables such as mushrooms, zucchini, bean sprouts, marinated beef, and a fried egg. We usually add *gochu-jang* (red chili paste) sauce.

- **먹는 법:** The ingredients are stirred together before eating.

2. 불고기(*bulgogi*)

- **메뉴 설명:** *Bulgogi* is thinly sliced beef marinated in a soy sauce—based *yangnyeom*.
- **먹는 법:** We usually grill it at the table.

3. 삼계탕(*samgyetang*) / Ginseng Chicken Soup

- **메뉴 설명:** *Samgyetang* means chicken soup flavored with ginseng. It consists primarily of a whole young chicken filled with garlic, jujube(Korean dates) and glutinous rice stuffing. It is known as an energy—boosting meal during the hot summer.

- 먹는 법: Eat this with chicken meat and soup together.

4. 구절판(*gujeolpan*) / Platter of Nine Delicacies

- 메뉴 설명: *Gujeolpan* is a colorful Korean dish consisting of eight seasoned vegetables (*namul*) and beef arranged on an octagonal wooden plate with nine divided sections.
- 먹는 법: Take a *miljeonbyeong* crepe and place your favorite ingredients. Wrap it and dip it in a mustard sauce.

5. 파전(*pajeon*) / Green Onion Pancake

- 메뉴 설명: *Pajeon* is Korean fried pancake made with green onion.
- 먹는 법: We eat this as side dish or on rainy day with *makgeolli*, Korean rice wine. When you eat, take a small piece and dip it in soy sauce.

6. 잡채(*japchae*) / Glass Noodles with Sautéed Vegetables

- 메뉴 설명: *Japchae* is a dish made from sweet potato noodles (called *dangmyeon*) and stir—fried vegetables(typically carrots, onion, spinach, *pyogo* mushrooms, and beef) and seasoned with sesame oil garnished with toasted sesame seeds. It may be served hot or cold. This dish is served at Korean parties and special occasions.

7. 설렁탕(*seolleongtang*) / Ox Bone Soup

- 메뉴 설명: *Seolleongtang* is a local dish from Seoul and it is a Korean soup made from ox bones, brisket and other cuts.
- 먹는 법: We normally eat this with cooked rice; the rice is sometimes added directly to the soup. Add salt, ground black pepper, and chopped spring onions.

8. 냉면(*naengmyeon*) / Buckwheat Noodle Dish

- **메뉴 설명:** *Naengmyeon* is a Korean noodle dish made from buckwheat and different starches. There are different kinds of *naengmyeon* you can choose from. One is *mul–naengmyeon* which means noodles in cold soup and *bibim–naengmyeon* means noodles with spicy sauce. Both dishes are garnished with pickled radish, a hard–boiled egg, and slices of Korean pear.

- **먹는 법:** Use kitchen scissors to cut the noodles. Add a little bit of vinegar and mustard.

9. 칼국수(*kalguksu*) / Knife–cut Noodle Soup

- **메뉴 설명:** *Kalguksu* is a noodle dish consisting of handmade, knife–cut wheat flour noodles served in a large bowl with broth and zucchini and potato. Then broth is made usually with anchovy, seafood, and chicken or beef.

- **먹는 법:** It is usually served with freshly dressed kimchi called '*geotjeori*'.

10. 된장찌개(*doenjang–jjigae*) / Soybean Paste Stew

- **메뉴 설명:** Stew made with soybean paste, tofu, and vegetables. It is served piping hot in an earthenware pot. *Doenjang–jjigae* is a variety of *jjigae* or stew–like Korean traditional dishes. It is regarded as one of the representative foods of Korea along with *kimchi–jjigae*. *Doenjang–jjigae* is made with Korean fermented soybean paste, *dubu*(tofu), green onion, mushrooms, potatoes, zucchini, and green chili.

11. 육개장(*yukgaejang*) / Spicy Beef Soup

- **메뉴 설명:** *Yukgaejang* is a spicy soup made from shredded beef with scallions, *gosari* (bracken fern) and other ingredients, which are simmered together. It is believed to be healthy due to its hot and spicy nature.

- **먹는 법:** You can add cooked rice to the soup or eat separately with side dishes.

12. 갈비찜(*galbijjim*) / Braised Short Ribs

- **메뉴 설명:** *Galbijjim* or braised short ribs of beef is cooked in a soy sauce with radish, carrots, mushrooms.

13. 떡볶이(*tteokbokki*) / Stir-Fried Rice Cake

- **메뉴 설명:** *Tteokbokki* is a popular Korean street food made from rice cake, fish cakes, and the sweet red chili sauce *gochu–jang*. It is commonly purchased from street vendors or *pojangmacha*.

14. 김밥(*gimbap*) / Dried Seaweed Rolls

- **메뉴 설명:** *Gimbap* is a roll rice filled with assorted vegetables wrapped in dried seaweed. This is made from steamed white rice and various other ingredients, rolled in gim (sheets of dried and lightly toasted laver seaweed) and sliced into bite–size pieces. *Gimbap* is often eaten during picnics.

15. 보쌈(*bossam*) / Napa Wraps with Pork

- **메뉴 설명:** *Bossam* is a pork dish. Pork belly is boiled in spices and thinly sliced.
- **먹는 법:** Take a napa cabbage leaf and place pork meat, add garlic and *ssamjang* sauce, *saeujeot* (salted, fermented shrimp) and freshly made *kimchi* on top. Wrap it and eat.

16. 닭갈비(*dak-galbi*) / Spicy Stir-fried Chicken

- **메뉴 설명:** *Dak–galbi* is a popular Korean chicken dish made by stir–frying marinated diced chicken in a *gochu–jang* (chili pepper paste) based sauce, and sliced cabbage, perilla leaves, scallions, sweet potato, onions, and rice cake together on a hot plate. It is a local specialty food for the city of Chuncheon, Gangwon Province.
- **먹는 법:** Eat chicken and vegetables first and then add rice and fry with leftover ingredients in the pan.

17. 순두부찌개(*sundubu-jjigae*) / Soft Tofu Soup

- **메뉴 설명:** *Sundubu-jjigae* is a either spicy or mild *tofu jjigae* made with freshly curdled tofu, vegetables, sometimes mushrooms, onion in anchovy or seafood stock.

- **먹는 법:** This dish is typically eaten with a bowl of cooked white rice.

한식에서 자주 쓰이는 표현

- 면보를 깔고 lined with cheese cloth

- 결 반대방향으로 썰다 cut against the grain

- 진공통에 넣어 냉장보관하다 store in an airtight container in the refrigerator

- 고기를 결대로 찢다 shred the beef into small pieces along the grain

- 불순물을 걷어내다 skim off any impurities

- 멸치 머리와 내장을 떼어낸다 remove the head and intestines of the anchovies

- 비린내를 없앤다 remove fishy odor (smell)

- 다시마 한 장 a sheet of kelp (konbu)

- 젖은 타월로 다시마를 닦다 clean the surface of kelp with a damp towel

- 찬물에 담그다 soak in cold water

- 흰자와 노른자를 나누다 separate the egg whites and egg yolks

- 흰자 지단을 얇게 부치다 fry the egg whites into thin layers

- 옆에 두다 set aside

- 곱게 채 썰다 cut them into a very fine julienne

- 마른 표고를 물에 담가 불리다 rehydrate the *pyogo* mushrooms in cold water

- 물기를 짜다 squeeze out the excess water

- 간장으로 양념하다 season it with soy sauce

- 재빨리 볶는다 stir-fry them as quickly as possible

- 깨끗이 씻는다 rinse thoroughly

- 소금 약간 a pinch of salt

- 찬물로 바로 헹구다 rinse immediately with cold water for shocking

- 소금으로 간하다 season with salt

- 반으로 자르다 cut in half

- 불을 낮추다 reduce the heat

- 콩나물이 다 익을 때까지 until the bean sprouts are cooked

- 양념에 재운 고기 marinated beef

- 고추장을 따로 내다 serve *gochu-jang* on the side

- 잘게 찢어놓다 shred it into thin strips

- 맛보다 season to taste

- 마트에서 산 만두피 store bought dumpling wrappers (*mandu-pi*)

- 반죽하다 knead the dough

- 30분 숙성시킨다/재운다 let it rest for 30 minutes

- 작업대에 덧가루를 뿌리다 sprinkle a dusting of flour onto a work surface

- 두부를 면보로 싸다 wrap the tofu in cheese cloth or paper towels

- 물기를 꼭 짜다 squeeze out as much liquid as possible

- 투명할 때 까지 살짝 데치다 parboil them until they appear translucent

- 끝을 다듬다 trim off the end

- 송송 썬다 mince finely

- 고루 섞다 mix well

- 만두피를 반으로 접다 fold the wrapper into a half moon shape

- 끝을 잘 오므리다 pinch the edges to seal

- 가장자리가 잘 붙었는지 확인해라 make sure the edges are sealed

- 결반대 방향으로 썰다 cut across the grain

- 20분간 양념에 재우다 let it stand for about 20 minutes in the marinade

- 직화로 굽다 grill over an open fire

- 고기가 얇을수록 양념이 잘 밴다 the thinner the beef, the better the marination

- 고기 핏물을 닦다 pat the beef dry with a paper towel to remove excess blood

- 핏물를 빼다 let stand the beef rest in the cold water to drain blood

- 칼집을 내다 score

- 표면에 떠오르는 기름을 걷어내다 skim off the fat that rises to the surface

- 한 입 크기로 썰다 cut it into bite size pieces

- 고기를 양념에 넣고 주무르다 toss the beef in the marinade

- 타지 않도록 이따금 젓다 stir occasionally to avoid burning

- 돼지고기가 다 익으면 when the pork is cooked completely

- 다진 파로 장식하다 garnish with chopped green onions

- 사전에 양념하다 marinate in advance

- 곱게 두부를 으깨다 mash the tofu finely with a fork

- 고기 완자를 빚다 roll into meatballs

- 호박을 밀가루에 묻히고 계란물을 살짝 입히다 dredge the zucchini in flour and then dip into beaten egg wash to lightly coat.

- 멍울 없이 거품기로 젓다 whisk until there are no lumps

- 반죽이 반쯤 익으면 until the batter is cooked half-way

- 씨를 제거하다 remove the seeds

- 기둥을 제거하다 remove the stem

- 미지근한 물에 면을 불리다 soak the noodles in lukewarm water

- 김발에 김을 올리다 place a sheet of laver on a bamboo mat

- 칼에 기름칠하다 grease the knife with oil

- 걸쭉해질 때까지 끓인다 cook until the sauce thickens

- 고기에 간이 잘 배야 맛이 좋다 It tastes better when the seasoning is well absorbed by the meat

- 뜸들이다 cook for 5 minutes over very low heat

- 완전히 익다 fully cooked

- 쌀을 깨끗이 씻다 wash the rice until the water runs clear

- 팥이 무를 때 까지 until the red beans are tender

- 반죽을 작은 완자로 빚다 make the dough into small balls

- 식히다 let it cool
- 오이를 반으로 갈라 채썰다 halve the cucumber lengthwise and cut diagonally in thick slices
- 소금 뿌려 재워두다 sprinkle salt and set aside
- 삶은 달걀을 찬물에 담그다 transfer the hard-boiled egg to an ice water bath to stop cooking
- 일대일 비율로 at a one to one ratio
- 살짝 기름 바른 팬 a lightly greased pan
- 뼈에서 살을 발라내다 remove the meat off the bones
- 면이 붙지 않도록 젓는다 stir the noodles to prevent them from sticking together
- 파를 채썰다 slice the green onions diagonally
- 식게 내버려 두다 let it cool down

주방회화

- try this 먹어봐~
- show time 이제 일 시작하자
- let' s rock and roll 자 신나게 달려보자
- put first things first 중요한 것 먼저 하자
- that can wait 그건 나중에 해도 돼
- follow the instructions 적혀 있는 대로 해라
- shock the spinach to stop the carry-over cooking 데친 시금치는 찬물에 담가야 색이 안 변한다
- get things done before you go home 집에 가기 전에 이거 다해~
- almost done 거의 다 끝났어요
- make it from scratch 처음부터 손수 만들다
- sweep the floor 바닥을 쓸다
- mop the floor 바닥을 걸레질하다
- vacuum the carpet 카페트를 진공청소하다

- clean as you go 치워 가면서 일해라

- organize your station 주변 정리 좀 해라

- you don't want to mess your station 주변을 어지럽히지 마라

- put it on the shelf 선반에 얹어라

- let it stand at room temperature 실온에 그대로 두어라

- set it aside 한 쪽으로 빼 두어라

- put it back in the refrigerator 냉장고에 갖다두다

- split it in half 반으로 나누다, 반으로 쪼개다

- divide into 4 pieces 4조각으로 나누다

- break it up into 3 pieces 3 조각으로 부수어라

- it's very hard to find this time of year 요맘때는 구하기 어려워

- let me guess who made this pizza 누가 이 피자 만들었는지 맞춰볼게

- he is so unpredictable 그는 도대체 어디로 튈지 몰라

- put your apron on!!! 앞치마 매!!!

- why are you so mad at me? 왜 나에게 그렇게 화났니?

서비스영어 음식컴플레인

- the soup is cold 스프가 식었어요.

- the beer is flat (stale) 맥주에 김이 빠졌어요

- there she is 니가 찾던 여자 저기있네

- I have an idea 내게 생각이 있어

- save some for me 내 것도 좀 남겨줘

- we are closed on Sunday 일요일엔 문 닫아요

- change the grill 불판을 갈다

전치사

앞서 메뉴의 이름을 만드는 공식 첫 번째에서 메인 아이템 뒤에 전치사가 등장하는 예를 보았다. 요리에서도 다양한 형태의 전치사가 사용되는데 이미지를 통해 알아보도록 하자.

Plate a slice of cake/ on a plate

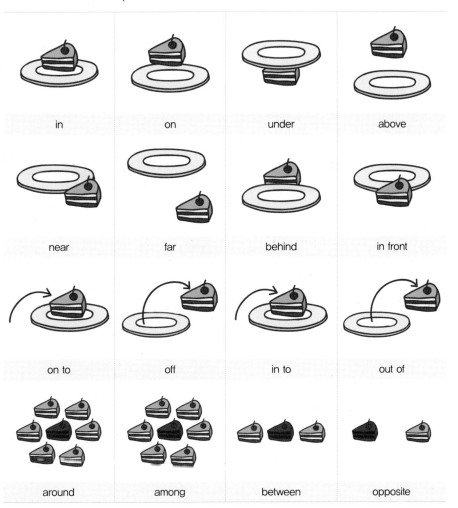

1. on

on 은 '~위에'란 의미인데 요리에서는 '~에 올리다'의 뜻
으로 많이 쓰인다.

Put them on a plate
접시에 올리다

- put them on a plate (접시에 올리다)
- on the grill 그릴에
- on the table 테이블 위에
- on the stove 스토브에

2. in

장소나 공간 안에라는 의미를 갖고 있다.
'팬에 기름을 붓다'에서 팬 안쪽에 기름을 붓
기 때문에 '~에' 해당하는 전치사는 in 을 사
용한다.

in a pan
팬에

Pour oil in a pan
기름을 붓다

- in a pan(팬에)
- pour oil in a pan (기름을 붓다)

그럼 '오븐에 굽다'는 어떻게 표현될까? 마찬가지로 전치사 in 을 사용할 수 있다.

예문: bake cookies/ in the oven 오븐에서 쿠키를 굽다

따라서 in 뒤에 나오는 명사는 공간의 개념이 있다. 다음의 예문을 보면 좀 더 확
실히 이해할 수 있다.

- in a pot 냄비에

- in a skillet 주물팬에

- in a non stick pan 코팅팬에

- put it in a pot 냄비에 넣다

- in the fryer 튀김기 안에 넣다

- in the sink 싱크대 안에 넣다

Put the fork in the kitchen drawer
포크를 서랍에 넣다

Put eggs in the refrigerator
달걀을 냉장고에 넣다

3. to

전치사 **to** 는 방향성을 가지고 있어서 '~에 추가하다, 더하다'의
뜻으로 사용한다.

- add salt to water 소금을 물에 넣다

- move it to the refrigerator 냉장고로 가져가다

- add spinach to the pot 냄비에 시금치를 넣다

4. from

'~로부터'라는 의미로 기준점이라는 뜻을 가지고 있
다. B로부터/에서 A를 꺼내다.

- remove pan/ from the heat 불에서 팬을 빼다

5. with

with 는 다양한 뜻으로 사용되는데 크게 3가지로 나뉜다.

~덮다, 붙어 있다

- cover pot with a lid 냄비에 뚜껑을 덮다

- with (the skin/tail meat) intact ~한 채로

- with the skin on 껍질은 그대로 둔 채로 without(~없이)

without a lid(=uncovered) '뚜껑을 덮지 않고'라는 뜻이므로 '뚜껑을 열고' 라고 해석하면 된다.

~와 함께

Mix with a few drops of sesame oil. 참기름 몇 방울을 넣어 섞는다.

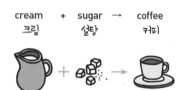

예문: I drink my coffee/ with sugar and cream. 나는 커피에 설탕과 크림을 넣어 마신다.

~곁들여

- grilled chicken with honey mustard sauce

- blanch spinach/ without a lid

  시금치를 뚜껑을 열고 데치다

6. for + B(시간)

for 뒤에 시간을 나타내는 말이 오면 'B의 시간만큼 ~하다'의 의미가 된다.

- bake for 10 minutes 10분간 굽다

- cook for 1 hour 1시간 동안 익힌다

- for about three hours 약 세 시간가량

- for how many minutes? 몇 분 동안?

- for at least two hours 적어도 두 시간 동안

7. at + B

B의 온도로 요리하다.

요리에서는 **at** 뒤에 온도가 자주 등장하는데 **at** 은 '콕 찍어 바로 그 온도에서 요리하다' 라는 의미로 사용한다.

- bake cookies at 170℃ 쿠키를 170℃로 굽다

- cook rice at low heat 쌀을 낮은 불에서 익히다

- deep fry potatoes at 180℃ 180℃에서 감자를 튀기다

8. out

out '~에서 밖으로'의 의미인데 예문을 통해 감을 익히도록 한다.

- take out from the oven 오븐에서 꺼내다

- throw it out 버리다

- cut it out 자르다

- take the trash 쓰레기를 내다 버리다

9. off

off 는 분리되어 떨어져 나가는 것을 말한다. 예를 들어 '뿌리 쪽을 잘라내다'라는 표현을 말할 때 **off** 라는 전치사를 사용한다.

- cut off/take off ~을 자르다
- cut off the root end 뿌리 쪽을 잘라내다
- wipe off a table 테이블을 닦다

'테이블을 닦다'에서 **off** 를 쓰는 이유는 테이블 위에 있는 먼지나 음식물을 닦아 내기 때문이다.

10. down

'아래로' 라는 방향을 나타내는 전치사이다.

- press down 아래로 누르다
- put it down 아래로 내려놓다
- put a bag down 가방을 내려놓다

11. over

'바로 위에' 라는 뜻을 가지고 있다.

low heat   medium heat   high heat
약불   중불   센불

- pour the dressing/ over the salad

  샐러드 위에 드레싱을 끼얹다

- heat the pan/ over low heat 약불에 팬을 올려 달구다

- heat the pan/ over high heat 강불에서 팬을 달구다

12. under

'~아래에서' 라는 뜻이다.

- under the broiler (salamander) 브로일러 아래에서

13. up

'위로 올라가다'의 의미로 요리에서는 표면에 '떠오르다' 라는 뜻으로 많이 해석된다.

위로 올라오다(come up)

• all the impurities will come up/ to the surface 불순물이 표면 위로 떠오르다

위로 쌓다

• pile herbs up/ on a cutting board(Pile up(쌓다)=stack)

   허브를 도마 위에 쌓아 올리다

14. through

'공간을 관통하다'라는 의미인데, 요리에서는 '거름망에 거르다'로 쓰인다.

• strain the sauce/ through a strainer

   거름망(체)에다가 소스를 거르다

15. before

'~전에' 라는 의미의 전치사이다.

• before serving 서비스 전에

• just before service 서비스 직전에

• right before service / add scallion/ and drizzle some sesame oil/ on top

16. after

시간 순서상 '~하고 나서'의 뜻을 가진다.

- right after this 이것 끝나고 나서
- what do I need to do after this, chef? 이거 끝나면 뭐해요?
- after cooking rice 밥을 하고나서

17. into

into '~안쪽을 향해' 라는 뜻으로 in 과 to 의 개념이 결합
되어 있다.

- strain the stock into a pot 육수를 걸러 솥에 붓는다

18. 기타

- in front of~ ~ (위치) 바로 앞에
- next to~ ~의 옆에

6가지 기본 맛 표현			
Sweet	달고	Bitter	쓰고
Salty	짜고	Tannic	떫고
Sour	시고	Spicy / hot	맵고

맛 표현

맛있다-맛없다

맛있다		맛없다	
good	좋다	not good	별로야
delicious	맛있다	awful	최악이야
divine	끝내주는	bland	맛이 심심해
luscious	달콤하고 감미로운 (주로 베이킹에 사용)	dull	맛이 밍밍해
mouth watering	입에 침이 고이는	not tasty	별로 맛없어
out of this world	굉장히 맛있는		
savory	감칠맛 나는		
scrumptious	굉장히 맛나는		
succulent	즙이 풍부한		
tasty	맛있다		
yummy	(유아용어) 냠냠		

예문

- It's delicious. 맛있다.

- It's divine. 끝내준다.

- This is out of this world. 굉장히 맛있다.

- Best cookie ever. 지금까지 맛보지 못한 쿠키.

- It's awful. 최악이야.

Sharp	(신맛이)날카로운
Tangy	(동치미 국물의) 톡 쏘는
Clean	(맛이)깔끔한
Refreshing	(느낌이)상큼한
Lingering	혀에 여운이 남는(It has a lingering taste.)

식재료 명사

어류		한글명칭	영문명칭	한글명칭	영문명칭
담수어		연어	salmon	철갑상어	sturgeon
		농어	bass, perch	메기	catfish
		송어	trout	뱀장어	eel
		잉어	carp		
해수어	Round fish	참치	tuna	멸치	anchovy
		청어	herring	정어리	sardine
		도미	snapper	고등어	mackerel
		대구	cod	병어	pomfret or butterfish
		복어	puffer fish	붕장어	conger eel
		아귀	monk fish		
	Flat fish	광어	halibut	터봇	turbot
		도브 솔	dover sole	레몬 솔	lemon sole
		가자미	flounder	홍어	skate

해산물	한글명칭	영문명칭	한글명칭	영문명칭
연체류	전복	abalone	관자	scallop
	소라	conch	오징어	squid/ cuttle fish
	달팽이	snail/ escargot	문어	octopus
	조개	clam	낙지	octopus minor
	홍합	mussel	꼴뚜기	beka squid
	굴	oyster		
갑각류	게	crab	새우	shrimp/ prawn
	바닷가재	lobster	가재(민물)	crayfish
극피동물	해삼	sea cucumber	성게	seaurchin
기타	멍게	sea squirt	개구리 다리	frog leg

채소	한글명칭	영문명칭	한글명칭	영문명칭
엽채류	양상추	lettuce	청경채	bok choy
	상추	(red/green) leaf lettuce	닷사이/ 그린 비타민	datsai/ green vitamin
	시금치	spinach	라디치오	radicchio
	양배추	cabbage	벨지움 엔다이브	belgium endive
	로메인	romaine	배추	napa cabbage
	롤라 로사	lolla rossa	치커리	chicory
	브루셀 스프라웃	brussels sprouts	깻잎	perilla leaf
	쑥갓	crown daisy		
줄기채소	아스파라거스	asparagus	양파	onion
	셀러리	celery	마늘	garlic
	휀넬	fennel	샬롯	shallot
	콜라비	kohlrabi	죽순	bamboo shoot
	파	scallion	부추	Chinese chive
	쪽파	green onion	마늘쫑	garlic scape
화채류	브로콜리	broccoli	아티쵸크	artichoke
	컬리플라워	cauliflower		
과채류	토마토	tomato	애호박	zucchini/summer squash
	오이	cucumber	늙은 호박	pumpkin
	가지	eggplant	오쿠라	okra
	파프리카	paprika	스트링 빈스	string beans
근채류	당근	carrot	셀러리악	celeriac
	무	radish	파스닙(설탕당근)	parsnip
	비트	beet root	도라지	balloon flower root
	연근	lotus	우엉	burdock
	감자	potato		
기타	쑥갓	crown daisy	미나리	water parsley
	콩나물	bean sprout	숙주나물	mung bean sprouts
	고사리	fiddlehead ferns, bracken	참나물	chamnamul
버섯류	양송이	button mushroom	느타리	oyster mushroom
	표고	shiitake mushroom	팽이	enoki mushroom

과일류	한글명칭	영문명칭	한글명칭	영문명칭
인과류	사과	apple	자몽	grapefruit
	배	pear	레몬	lemon
	오렌지	orange	라임	lime
	귤	mandarin	금귤	kumquat
	유자	yuzu	모과	quince
장과류	블랙베리	blackberry	구스베리	gooseberry
	블루베리	blueberry	포도	grape
	라즈베리	raspberry	석류	pomegranate
	커런트	currant	감	persimmon
	오디	mulberry	무화과	fig
	크랜베리	cranberry		
핵과류	복숭아	peach	자두	plum
	살구	apricot	매실	Japanese apricot
	체리	cherry	앵두	Korean cherry
	대추	jujube		
과채류	수박	watermelon	참외	melon
	머스크 멜론	muskmelon	토마토	tomato
	딸기	strawberry		
열대과일	파인애플	pineapple	패션 푸룻	passion fruit
	파파야	papaya	키위	kiwi
	바나나	banana	코코넛	coconut
	망고	mango	망고스틴	mangosteen
	아보카도	avocado	람부탄	rambutan
	대추야자	date	두리안	durian
견과류	밤	chestnut	호두	walnut
	잣	pine nut	은행	gingko nut
	헤이즐넛	hazel nut	피스타치오	pistachio
	아몬드	almond		
기타	곶감	dried persimmon	단감	persimmon
	홍시	ripe persimmon	땡감	unripe persimmon

향신료	한글명칭	영문명칭	한글명칭	영문명칭
	후추	pepper	고추	chili pepper
	생강	ginger	달래	wild chive
	마늘	garlic	대파	leek
Korean spice	계피	cinnamon	미나리	water parsley
	산초	Chinese pepper	부추	Chinese chive
	오미자	schizandra berry	솔잎	pine needle
	참깨	sesame	쑥갓	crown daisy

분류	한글명칭	영문명칭	한글명칭	영문명칭
	쌀	rice	기장	proso millet
	찹쌀	sweet rice	메밀	buckwheat
곡류	현미	long grain rice	조	foxtail millet
	보리	barley	옥수수	corn
	안남미	long grain rice		
	팥	red bean	녹두	mung bean
두류	강낭콩	kidney bean	병아리콩	chickpea
	콩	soybean	땅콩	peanut

질감 표현

부드러운

- smooth
- silky texture

단단한

- hard
- firm

firm tofu 단단한 두부

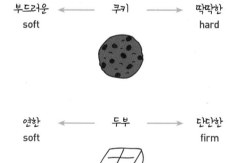

부드러운 ←— 쿠키 —→ 딱딱한
soft　　　　　　　　　hard

연한 ←— 두부 —→ 단단한
soft　　　　　　　　firm

고기 질감

연한 ← 고기 → 질긴
tender   tough

- 부드러운 고기 tender meat

- 질긴 고기 tough meat

소스의 농도

- Dense (농도)짙다. 빡빡하다

- Runny 흘러내리는 상태

예문: We need to thicken it a little bit because this sauce is too runny.

- Watery 물 같은 농도

- Thick (농도)되다

예문: Until it is quite thick(되게 될 때까지)

- Thin (농도)묽다 또는 묽게 하다(동사로도 쓰임)

- Paste like 페이스트 같은

예문: *Gochu-jang* paste like texture 고추장 같은 텍스처

- Puree (명사) 퓨레

예문: When it was almost like puree consistency.

농도 진함 ⟵⟶ 농도 묽음
dense · runny
thick · thin
pastelike · watery

쫄깃한

- 쫄깃쫄깃한 chewy

- 찹쌀떡같이 입에 들러붙는 gooey

- 끈적끈적한 sticky

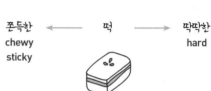

쫀득한 ⟵ 떡 ⟶ 딱딱한
chewy · hard
sticky

수분

- 촉촉한 moist

- 건조한 dry

수분 있는(촉촉한) ⟵⟶ 건조한 상태
moist · dry
wet
damp

색깔

- 노릇노릇한 golden brown

- 타버린 burnt

- 그을린 charred

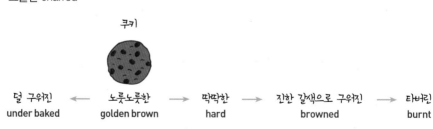

쿠키

덜 구워진 ⟵ 노릇노릇한 ⟶ 딱딱한 ⟶ 진한 갈색으로 구워진 ⟶ 타버린
under baked · golden brown · hard · browned · burnt

바삭한

- 안은 부드럽고 밖은 바삭한 soft inside and crunchy outside
- silky texture

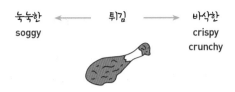

늑늑한 ← 튀김 → 바삭한
soggy   crispy
               crunchy

기타

주방에서 되새길 말말말

- Clean as you go (치워가면서 일해라)
- Season as you go (간을 중간 중간에 해라)
- Many things at a time, but one step at a time (여러 가지 일을 동시에 하되 한 번에 한 가지씩 하라)
- Measure twice, cut once (두 번 계산하고 한 번에 잘라라)
- I think timing is everything when it comes to cooking (요리에서는 타이밍이 제일 중요하다)
- Never make the same mistake twice (실수는 누구나 할 수 있지만 같은 실수를 반복해서는 안 된다)

음식관련속담

무엇을 먹는/입는/말하는지 알면 그가 어떤 사람인지 알 수 있다.	You are what you eat. You are what you wear. You are what you say.
연습이 최고를 만든다.	Practice makes perfect.
배움에 나이가 없다.	You are never too old to learn.
도전하지 않으면 아무 것도 얻을 수 없다.	Nothing ventured, nothing gained.
뒤늦은 후회보다 안전이 우선이다.	Better safe than sorry.
늦게라도 시작하는 게 낫지	Better late than never.

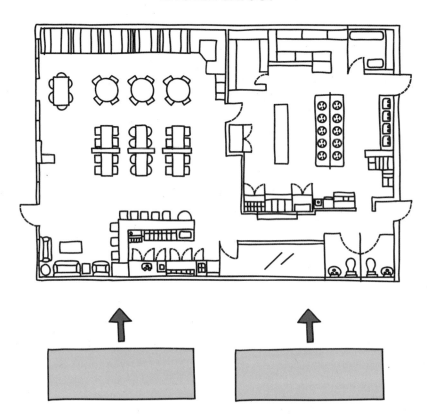

KITCHEN LAYOUT

KITCHEN EQUIPMENT

1

2

3

4

5

6

7

KITCHEN UTENSIL

1	6
2	7
3	8
4	9
5	10

BAKING EQUIPMENT

1	6
2	7
3	8
4	9
5	10

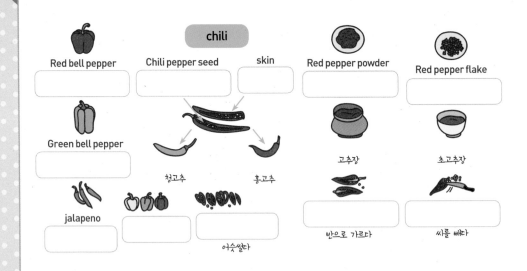

Red bell pepper

chili

Chili pepper seed

skin

Red pepper powder

Red pepper flake

Green bell pepper

청고추

홍고추

고추장

초고추장

jalapeno

어슷썰다

반으로 가르다

씨를 빼다

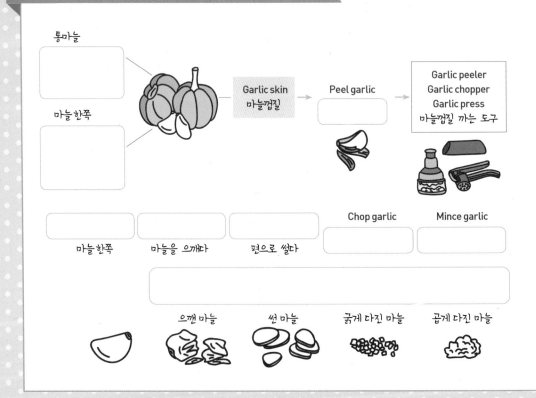

통마늘

마늘한쪽

Garlic skin
마늘껍질

Peel garlic

Garlic peeler
Garlic chopper
Garlic press
마늘껍질 까는 도구

마늘한쪽

마늘을 으깨다

편으로 썰다

Chop garlic

Mince garlic

으깬 마늘

썬 마늘

굵게 다진 마늘

곱게 다진 마늘

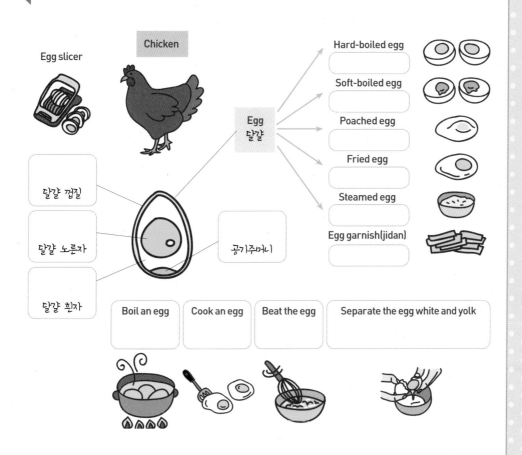

다음 빈칸에 한글 또는 영문으로 적절한 단어를 적어보세요.

Egg slicer

Chicken

Egg
달걀

Hard-boiled egg

Soft-boiled egg

Poached egg

Fried egg

Steamed egg

Egg garnish(jidan)

달걀 껍질

달걀 노른자

달걀 흰자

공기주머니

Boil an egg	Cook an egg	Beat the egg	Separate the egg white and yolk

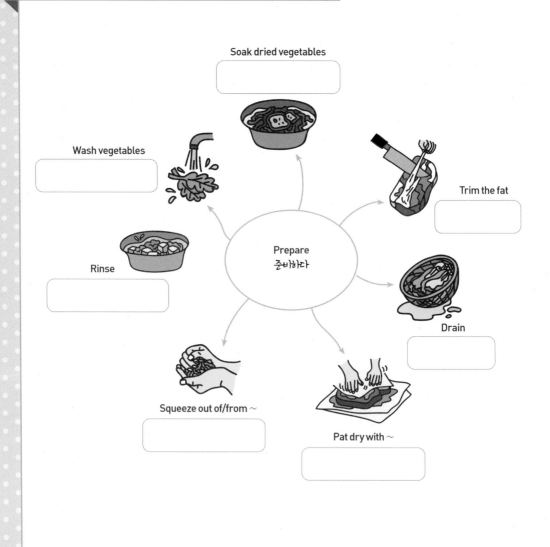

Soak dried vegetables

Wash vegetables

Trim the fat

Rinse

Prepare
준비하다

Drain

Squeeze out of/from ~

Pat dry with ~

Rectanglar cutting

Slice

Half-moon ahape cutting

Rotation cut

Julienne
채썰기

Ginkgo leaf-shape
cutting
은행잎 썰기

Diagonal cut
Bias-cutting
Cut it diagonally
어슷 썰기

Batonnet
막대 썰기

Lozenge cut,
diamond cut
마름모썰기

Chifonade
말아서 얇게
실처럼 썰기

Dice
깍둑썰기

Rough dice
마구 썰기

Round cut
둥글게 원형 썰기

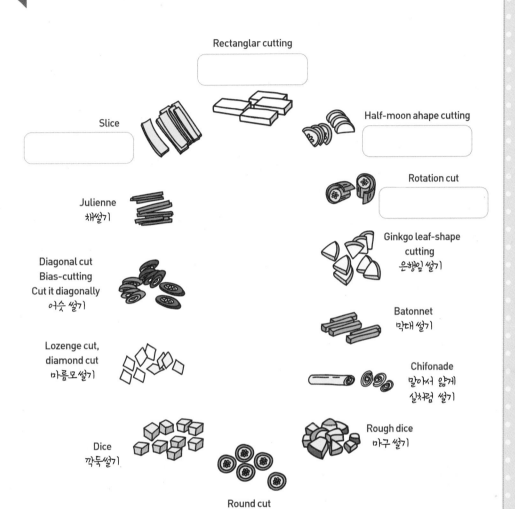

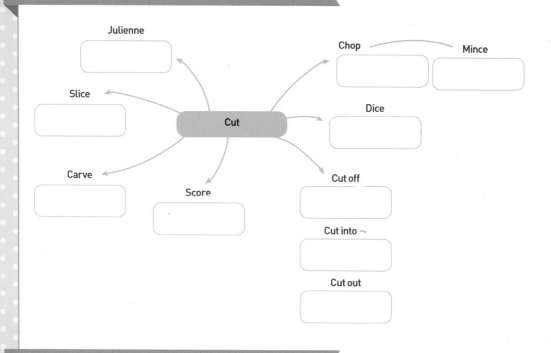

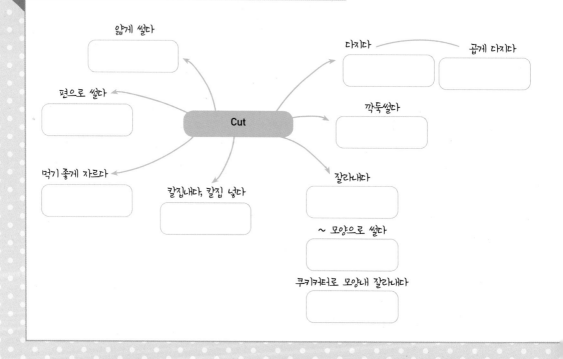

234

다음 빈칸에 한글 또는 영어로 적절한 단어를 적어보세요.

하나가 되게 섞다,
수제비 반죽을 합치다

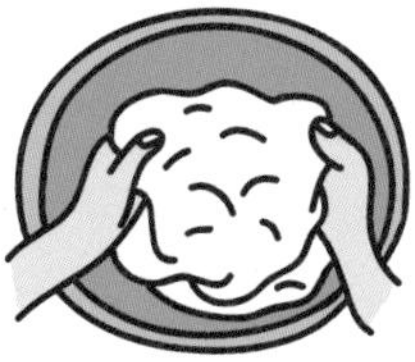

Mix

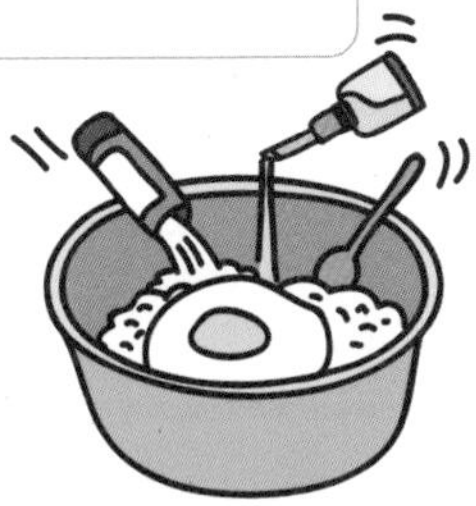

Mix namul with soy sauce

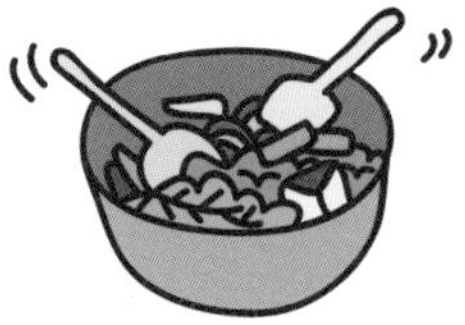

혼합하다, 갈다

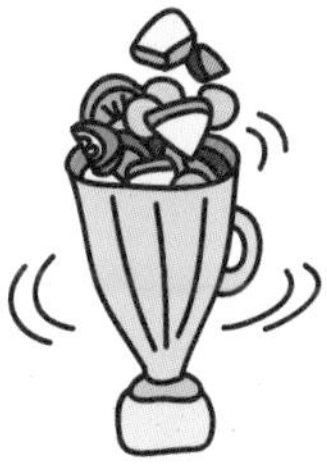

휘젓다, 거품내다

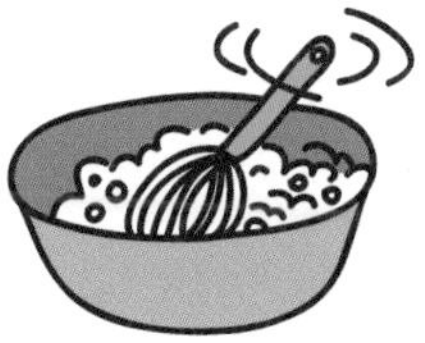

채소를 살살 섞다

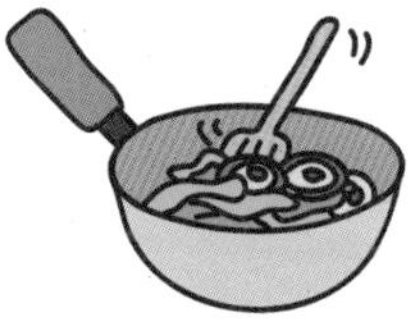

부드럽게 섞다

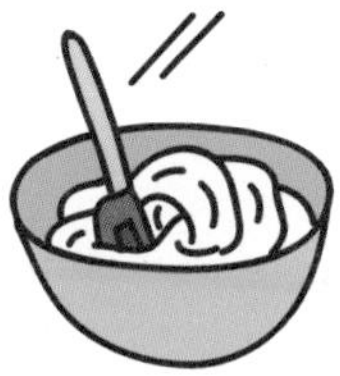

다음 빈칸에 한글로 뜻을 적어보세요.

Season

Season it

Season to taste

Season with salt and pepper

팬을 달구다: heat the pan

낮은 불에서 팬을 달구다

중불에서 팬을 달구다

센불에서 팬을 달구다

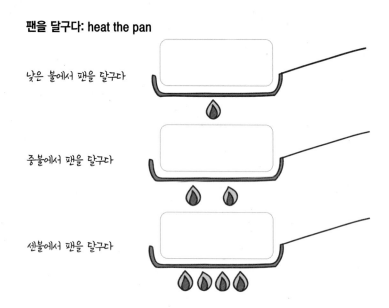

Grill   Bake   Fry   Stir fry   Saute

쌀을 씻다   쌀을 불리다   밥물을 잡다   밥을 하다   뜸 들이다   밥을 푸다

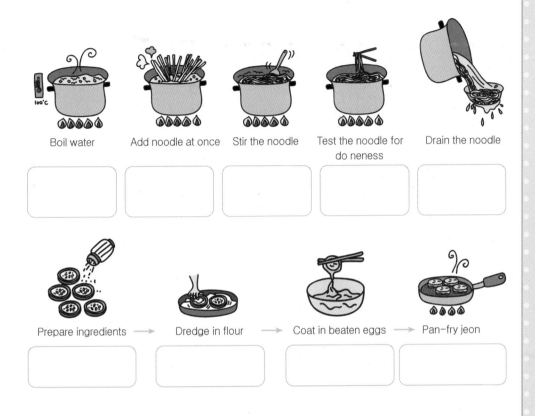

Boil water   Add noodle at once   Stir the noodle   Test the noodle for do neness   Drain the noodle

Prepare ingredients ⟶ Dredge in flour ⟶ Coat in beaten eggs ⟶ Pan-fry jeon

다음 빈칸에 영어로 단어를 적어보세요.

와작와작 씹다

삼키다

물다

홀짝이다

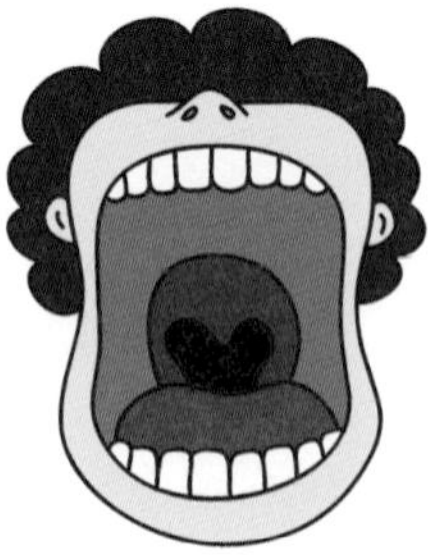

씹다

앞니로 갈아먹다

포식하다

핥아먹다

게걸스럽게 먹다

빨아먹다

궁중음식연구원 지미재(2015), 외국인도 빠져드는 한국밥상, 백산출판사

농수산물유통공사(2009), *An illustrated "How to" Book on Korean Food*

이수부·김태현·김태현(2014), 패턴으로 익히는 조리영어, 교문사

전희정(2014), 한국의 전통음식과 세계화, 교문사

한복려·한복진(2012), 한국인의 장, 교문사

한식재단(2012), 맛있고 재미있는 한식 이야기(영어 버전)

한식재단(2014), 세계인을 위한 한국음식, 한림

한식재단(2014), 세계인을 위한 한국음식 영문판(*The Korean Kitchen; 75 Healthy, Delicious and Easy Recipes*), Hollym

한식재단(2015), 한국, 맛을 찾아 떠나는 여행: *A Journey to Delicious Korea*(영어 버전)

한식재단(2015), 한국, 맛을 찾아 떠나는 여행: 한국어 버전

한식재단(2015), 한식 메뉴 외국어 표준 표기 가이드

황혜성·한복려·한복진·정라나(2010), 3대가 쓴 한국의 전통음식

Boksun Han(2014), *The Korean Kitchen*, Youngshin Printing & Binding Company

Larousse(2001), *Gastronomique*, Clarkson potter

Sook-ja Yoon(2005), *Good morning kimchi*, Hollym International Corp

The Culinary Institute of America(2009), *Baking & Pastry*, Wiley

The Culinary Institute of America(2009), *the Professional Chef*, Wiley

저자 소개

김태현
대림대학교 호텔조리과 교수
Culinary Institute of America(New York) 졸업
Syracuse University, New York, TESOL(영어 교수법) 석사

공동 집필

이수부
이수부 레스토랑 대표
Culinary Institute of America(New York) 졸업
경희대학교 조리외식 경영학 석사

이인옥
음식 관광 푸드큐레이터
경희대학교 조리외식 경영학 박사

감수

Sonja Swanson, 정서영

한식조리사를 위한 키친잉글리시

2017년 1월 6일 초판 발행 | 2018년 2월 19일 초판 2쇄 발행

지은이 김태현 | **펴낸이** 류원식 | **펴낸곳** 교문사

편집부장 모은영 | **디자인** 신나리 | **본문편집** 김남권
제작 김선형 | **홍보** 이솔아 | **영업** 이진석·정용섭·진경민 | **출력·인쇄** 삼신문화사 | **제본** 한진제본

주소 (10881) 경기도 파주시 문발로 116 | **전화** 031-955-6111 | **팩스** 031-955-0955
홈페이지 www.gyomoon.com | **E-mail** genie@gyomoon.com
등록 1960. 10. 28. 제406-2006-000035호
ISBN 978-89-363-1614-3(93590) | **값** 20,500원

본 콘텐츠는 농림축산식품부와 한식재단의 '2016 한식셰프 활동 지원' 사업의 일환으로 제작되었으므로 무단 도용을 금합니다.